数 学

（供五年制高职使用）

李茂强　主编

（上册）

化学工业出版社
·北京·

本套教材是根据当前高等职业教育教学改革的需要，并结合当前各类五年制高职院校学生的特点编写的。全套教材分上、下两册。上册内容包括集合、不等式、函数、指数、指数函数和对数函数、三角函数；下册内容包括数列、排列与组合、平面解析几何、立体几何初步、概率与统计初步。

　　本套教材注重基础知识，浅显易懂，强化学生对基础知识的掌握；符合学生的特点和认知规律，有利于提高学生的学习兴趣。

　　本套教材适用于五年制高职，也可作为中等职业学校的数学教材。

图书在版编目（CIP）数据

数学．上册/李茂强主编．—北京：化学工业出版社，2015.9

供五年制高职使用

ISBN 978-7-122-24995-1

Ⅰ.①数…　Ⅱ.①李…　Ⅲ.①数学-高等职业教育-教材　Ⅳ.①O1

中国版本图书馆 CIP 数据核字（2015）第 200449 号

责任编辑：迟　蕾　李植峰　　　　文字编辑：余纪军
责任校对：王素芹　　　　　　　　装帧设计：史利平

出版发行：化学工业出版社（北京市东城区青年湖南街 13 号
　　　　　邮政编码 100011）
印　　刷：北京永鑫印刷有限责任公司
装　　订：三河市宇新装订厂
850mm×1168mm　1/32　印张 7　字数 118 千字
2015 年 11 月北京第 1 版第 1 次印刷

购书咨询：010-64518888（传真：010-64519686）
售后服务：010-64518899
网　　址：http://www.cip.com.cn
凡购买本书，如有缺损质量问题，本社销售中心负责调换。

定　　价：19.80 元

《数学》（上册）编写人员

主　编　李茂强

副主编　朱广恩　赵英丽

编　者（按照姓名汉语拼音排序）

冷广振（河南农业职业学院）

李茂强（河南农业职业学院）

李志松（河南农业职业学院）

唐玉龙（河南农业职业学院）

魏　磊（河南农业职业学院）

赵英丽（河南农业职业学院）

周金亮（河南农业职业学院）

朱广恩（河南农业职业学院）

前言 Preface

　　数学是研究空间形式和数量关系的一门基础学科，是各门自然科学及若干社会科学的基础。在经济文化快速发展的现代社会，每个人在从小到大的成长过程中无时无刻不在接触数学。五年制高等职业教育作为高等职业教育的一部分，数学应该是五年制各专业必修的一门公共基础课程。我们本着为学生今后学习专业基础课以及相关的专业课打下必要的数学基础，培养学生掌握必需的数学概念、理论、方法、运算技能，提升学生运用数学知识分析问题、解决问题的能力，同时也为学生的终身学习以及文化素养的提高打下坚实基础；坚持以学生为中心、以"易教、易学，必需、够用"为度的总体要求编写了这套《数学》教材。

　　本教材分上、下两册，上册内容包括集合，不等式，函数，幂函数、指数函数和对数函数，三角函数等，共五章。建议授课时数为 130 学时，供五年制高职一年级学生使用。

　　本教材主要具有以下特点。

　　1. 在保证科学性的基础上，根据五年制学生学习基础等实际情况，因材施教。教材语言通俗易懂，深入浅出，重点体现对基本概念、基本理论、基本方法的要求和掌握，突出基础性和实用性。

2. 力求体现普及性教育的特征，以五年制学生的实际数学基础为出发点，将一些连贯性强的、初中数学基础知识融入到教材之中，同时注意做好与后续学习的衔接，从学生掌握的知识点为起点，提出问题，通过引申、拓展来讲解、学习新知识。

3. 理论联系实际，该教材内容不仅能够关注学生将来的专业学习与职业特点，更能够紧密结合生活中的实际问题来引入数学概念，利用数学知识解决生活中的实际问题，让学生体验到数学知识的应用价值；培养学生用数学知识和方法解决实际问题的能力。

4. 根据五年制高职学生年龄特征和心理特点，该教材每一节设有课堂练习和习题，每一章后设一个综合练习。通过这几个环节的训练，能够培养学生自主学习的意识和能力，能够激发学生的学习兴趣。

本教材由李茂强任主编，朱广恩、赵英丽任副主编。本册教材编写成员如下：冷广振、李茂强、李志松、唐玉龙、魏磊、赵英丽、周金亮、朱广恩。

由于编者学术水平有限，本教材难免存在不足之处，真诚欢迎专家、学者、教师、学生和读者提出宝贵意见和建议，以便进一步修订和完善。

编　者
2015 年 7 月

目录 → Contents·····················

第二章 ＞ 不等式　　　　37

第五章 ▶ 三角函数 　159

> **参考文献**

第一章

集　合

　　集合是德国著名数学家康托于 19 世纪末创立的；它是现代数学的基本语言，集合可以简洁、准确地表达现实生活尤其是数学的很多内容。

　　本章将学习集合的一些基本知识，用集合语言表示有关数学对象，并为后面函数的学习打下基础。

第一节 ▶ 集合的概念

一、集合与元素

　　在小学和初中已经接触过一些集合的知识，例如自然数的集合，有理数的集合，到两定点的距离相等的点的集合，到定点的距离等于定长的点的集合等。那么什么是集合呢？来看下面的一些例子：

（1）某校五年制"15－1"班的所有学生；

（2）在 2015 年 3 月生产的所有日产汽车；

（3）所有的三角形；

（4）1 到 31 内的所有偶数；

（5）中国所有的直辖市；

（6）所有的有实根的一元二次方程。

例子中的（1）把五年制"15－1"班的每一个学生作为对象，这些对象的全体就是一个集合；同样，（2）中把在 2015 年 3 月生产的每一辆日产汽车作为对象，这些对象的全体也是一个集合。

思考 上面的（3）～（6）也都能组成集合吗？它们的对象分别是什么？通过上述例题的分析概括出集合的概念。

集合：把一些能够确定的不同的对象看成一个整体，就说这个整体构成一个集合（简称为集）。其中的每个对象叫做这个集合的元素。

集合是由元素组成的，元素是组成集合的元素。一个事物是集合还是元素并不是绝对的，而是相对的。例如：以你所在班级的同学为研究对象，你所在的班级是一个集合，是由几十个同学组成的集合；若以你所在学校的所有班级为研究对象，组成一个集合，你所在的这个班级就是集合中的一个元素。

我们通常用大写的拉丁字母 $A, B, C, D \cdots$ 表示集合，用小写拉丁字母 $a, b, c, d \cdots$ 表示集合中的元素。

如果一个集合中的每个元素都是数，这样的集合称为数集。比如自然数的集合，有理数的集合，不等式的解集等都是数集。

数学中一些常见的数集及其特定记法：

全体非负整数组成的集合称为非负整数集（或自然数集），记作 N；

所有正整数组成的集合称为正整数集，记作 N^+；

全体整数组成的集合称为整数集，记作 Z；

全体有理数组成的集合称为有理数集，记作 Q；

全体实数组成的集合称为实数集，记作 R。

 课堂练习

1. 举出几个日常生活中关于集合的例子，并指出集合中的元素。

2. 举出几个数学中关于集合的例子，并指出集合中的元素。

3. 写出数集 N^+，Z，Q 中的几个元素。

二、集合的表示方法

由集合的定义不难发现，现实生活中的集合有很多；

那么，怎样把集合表示出来呢？对于集合的表示方法主要有下面两种。

1. 列举法

所谓列举法就是把集合中的元素逐一列举出来，写在大括号中的方法。例如前四个英文字母的集合 $\{a,b,c,d\}$，小于 5 的正整数的集合 $\{1,2,3,4\}$ 等都是用列举法表示的集合。

例1 用列举法表示下列集合。

(1) 小于 10 的正整数组成的集合；

(2) 方程 $3x-5=0$ 的根组成的集合；

(3) 大于 -3 小于 8 的整数组成的集合。

解 (1) 设小于 10 的正整数组成的集合为 A，那么

$$A=\{1,2,3,4,5,6,7,8,9\}$$

(2) 设方程 $3x-5=0$ 的根组成的集合为 B，那么

$$B=\left\{\frac{5}{3}\right\}$$

(3) 设大于 -3 小于 8 的整数组成的集合为 C，那么

$$C=\{-2,-1,0,1,2,3,4,5,6,7\}$$

2. 描述法

所谓描述法就是将集合中元素的公共属性描述出来，写在大括号内表示集合的方法。例如大于 0 的实数的集合 $\{x\,|\,x>0\}$，不等式 $2x-3<0$ 的解集 $\{x\,|\,2x-3<0\}$ 等都

是用描述法表示的集合。

例 2 用描述法表示下列集合。

(1) 全体偶数组成的集合；

(2) 直角坐标平面上第一象限内所有的点组成的集合。

解 (1) 设全体偶数组成的集合为 A，那么

$$A = \{x \mid x = 2n, n \in N\}$$

(2) 设直角坐标平面上第一象限内所有的点组成的集合为 C，那么

$$C = \{(x, y) \mid x \geq 0, y \geq 0\}$$

有时候也可以直接以语言描述的形式来表示集合，例如 $\{$直角三角形$\}$，$\{$实数$\}$ 等。

 课堂练习

1. 用列举法表示下列集合。

(1) 小于 10 的正奇数组成的集合；

(2) 不超过 7 的自然数组成的集合；

(3) 大于 3 小于 9 的自然数组成的集合；

(4) 我国古代四大发明组成的集合。

2. 用描述法表示下列集合。

(1) 方程 $3x-5=0$ 的根组成的集合；

(2) 全体奇数组成的集合；

(3) 直线 $3x-y=2$ 上的所有点组成的集合；

(4) 绝对值大于 7 的实数组成的集合。

3. 已知集合 $A=\{x\mid\ |x|\leqslant 2, x$ 为整数$\}$，用列举法表示集合 A。

三、集合与元素的关系

集合是由元素组成的，一个对象要么是集合中的元素，要么不是。若对象 a 是集合 A 中的元素，我们就说 a 属于 A，记作"$a\in A$"；若对象 a 不是集合 A 中的元素，我们就说 a 不属于 A，记作"$a\notin A$"。例如，$2\in Z$，$-3\notin N$ 等。

例 3 用适当的符号填空。

(1) $\sqrt{3}$_____$\{x\mid x\leqslant 2\}$，

(2) $(1，2)$ _____$\{x\mid x-3>0\}$；

(3) $\sqrt{2}$_____$\{x\mid x-3>0\}$。

解 (1) 因为 $\sqrt{3}<2$ 所以 $\sqrt{3}\in\{x\mid x\leqslant 2\}$；

(2) 因为 $(1,2)$ 符合方程 $y=x+1$，所以 $(1,2)\in$ $\{(x,y)\mid y=x+1\}$；

(3) 因为 $\sqrt{2}<3$，而集合表示的是大于 3 的数，所

以 $\sqrt{2} \notin \{x \mid x-3>0\}$。

有时候以集合中包含元素的个数对集合进行分类；包含有限个元素的集合称为有限集，包含无限个元素的集合称为无限集。例如，我们班里的全体学生组成的集合是有限集，而自然数集、整数集等就是无限集；不含有任何元素的集合称为空集，记作 ϕ。

 课堂练习

1. 用符号"$\in$"或"$\notin$"填空。

(1) -1 _____ N

(2) 2 _____ $\{x \mid x-2=0\}$

(3) 0 _____ ϕ

(4) π _____ Q

(5) $\sqrt{3}$ _____ Q

(6) b _____ $\{a,b\}$

2. 判断下列集合哪些是有限集？哪些是无限集？

(1) $\{x \mid 3<x<5\}$

(2) $\{1,2,3,5,7\}$

(3) $\{(x,y) \mid x+2y=0\}$

(4) $\{x \mid 1<x<9, x \in Z\}$

（5）｛某一平面上的圆｝

（6）｛某班里的学生｝

四、集合中元素的特性

集合作为数学中的一个概念，其中的每一个具体集合应该是十分确定的；作为组成集合的元素应该有明确的限定，集合中的元素应该具有下面三个特性。

1. 确定性

给定一个集合，任何一个对象是不是这个集合的元素也就确定了，不能模棱两可。

例如，班里的高个男生就构不成集合，因为所谓的高个子没有明确的判断标准；而班里身高在一米五以上的学生就能构成集合，因为有明确的判断标准，班里只要身高达到一米五的学生都在该集合中，而身高低于或等于一米五的学生就不在这个集合中。

2. 互异性

构成集合的每一个对象只能作为集合的一个元素，也就是说集合中任意两个元素都是不一样的，这称为集合内元素的互异性。

例如，集合 $A=\{a,b,c\}$，这就意味着 a,b,c 是三个互不相同的元素。

3. 无序性

集合中的元素之间不存在先后顺序，改变集合中元素的先后顺序，仍表示相同的集合；

例如，集合 $A=\{a,b,c\}$ 与 $B=\{b,a,c\}$ 是同一个集合。

例4 下列各个语句正确的有（　　）。

（1）很小的实数可以构成集合；

（2）集合 $\{y\,|\,y=x^2-1\}$ 与集合 $\{(x,y)\,|\,y=x^2-1\}$ 是同一个集合；

（3）$1,\dfrac{3}{2},\dfrac{6}{4},\left|-\dfrac{1}{2}\right|,0.5$ 这些数组成的集合有 5 个元素；

（4）$\{1,2,3,4\}$ 与 $\{3,2,1,4\}$ 是不同的集合。

A. 0 个　　B. 1 个　　C. 2 个　　D. 3 个

解　（1）很小的实数没有明确的判断标准，多小算小没有说明，构不成集合；

（2）这是两个完全不一样的集合，前一个是数集，后一个是点集，性质就不一样，不是同一个集合；

（3）这五个数中 $\left|-\dfrac{1}{2}\right|$ 与 0.5 是一样的，这和集合内元素的互异性相矛盾，所以构成的集合中只有 3 个元素；

（4）这是两个相等的集合，因为集合内的元素是一样的，只有顺序不同，而集合内的元素具有无序性。

 课堂练习

1. 判断下列说法是否正确？并说明理由。

（1）参加 2010 年广州亚运会的所有国家构成一个集合；

（2）未来世界的高科技产品构成一个集合；

（3）高一（三）班个子高的同学构成一个集合；

（4）2010 年全国"五一"劳动奖章获得者可以构成一个集合。

2. 已知集合 $A=\{a+2,5\}$，若 $3\in A$，求 a 的值。

习题一

一、选择题

1. 下列语句中，不可以组成集合的是（　　）。

A. 所有的正数　　　　B. 等于 2 的数

C. 接近于 0 的数　　　D. 不等于 0 的偶数

2. 下列四个集合中，是空集的是（　　）。

A. $\{x \mid x+3=3\}$　　　　B. $\{(x,y) \mid y^2 = -x^2, x, y \in R\}$

C. $\{x \mid x^2 \leqslant 0\}$　　　　D. $\{x \mid x^2 - x + 1 = 0, x \in R\}$

3. 下面有四句话：

(1) 集合 N 中最小的数是 1；

(2) 若 $-a$ 不属于 N，则 a 属于 N；

(3) 若 $a \in N$，$b \in N$，则 $a+b$ 的最小值为 2；

(4) $x^2 + 1 = 2x$ 的解集可表示为 $\{1, 1\}$。

其中正确的个数为（　　）。

A. 0 个　　　　　　　　B. 1 个

C. 2 个　　　　　　　　D. 3 个

4. 集合 A 只含有元素 a，则下列各式正确的是（　　）。

A. $0 \in A$　　　　　　　B. $a \notin A$

C. $a \in A$　　　　　　　D. $a = A$

5. 由实数 x、$-x$、$|x|$、x^2 所组成的集合，最多含有（　　）。

A. 2 个元素　　　　　　B. 3 个元素

C. 4 个元素　　　　　　D. 5 个元素

二、用适当的方法表示下列集合

1. 方程 $x^2 + 2x + 1 = 0$ 的解集；

2. 在自然数集内，小于 10 的奇数构成的集合；

3. 不等式 $x - 2 > 6$ 的解的集合；

4. 大于 0.5 且不大于 6 的自然数的全体构成的集合。

三、填空题

1. 由下列对象组成的集体属于集合的是_____。（填序号）

① 不超过 π 的正整数；

② 本班中成绩好的同学；

③ 高一数学课本中所有的简单题；

④ 平方后等于自身的数。

2. 用符号"$\in$"或"$\notin$"填空。

$\sqrt{5}$_____R，-3_____Q，-1_____N，π_____Z。

第二节 ▶▶ 集合与集合的关系

一、包含关系

下述两个集合有什么关系？

$A=\{$河南省青年旅行社$\}$，$B=\{$旅行社$\}$。

上例中的集合 A 的元素都是集合 B 的元素，或者说集合 A 可以看作集合 B 的一部分，像这种情况可以说集合 B 包含集合 A。

一般地，如果集合 A 的每一个元素都是集合 B 的元素，那么集合 A 叫做集合 B 的一个子集，记作 $A \subseteq B$ 或 $B \supseteq A$，也称为 A 包含于集合 B，或 B 包含集合 A。

又如 $A = \{1, 3, 5\}$，$B = \{1, 2, 3, 4, 5\}$，则有 A 是 B 的子集，$A \subseteq B$ 或 $B \supseteq A$。

这不难发现任何集合是它本身的子集，$A \subseteq A$。另外规定：空集是任何集合的子集；$\phi \subseteq A$。

例 1 写出集合 $A = \{1, 2\}$ 的子集。

解 集合 A 的所有子集是 ϕ，$\{1\}$，$\{2\}$，$\{1、2\}$。

例 2 写出以下两个集合之间的关系。

(1) $\{1, 3, 5\}$ _____ $\{1, 2, 3, 4, 5\}$；

(2) $\{x \mid x^2 = 16\}$ _____ $\{4, -4\}$。

解 (1) $\{1, 3, 5\} \subseteq \{1, 2, 3, 4, 5\}$

(2) $\{x \mid x^2 = 16\} \subseteq \{4, -4\}$

例 3 用适当的符号（$\subseteq$，$\supseteq$）填空。

(1) $\{0\}$ _____ ϕ；

(2) $\{0\}$ _____ $\{x \mid x^2 = -1 \text{ 且 } x \in R\}$；

(3) $\{x \mid |x| = 2\}$ _____ $\{x \mid x + 2 = 0\}$；

(4) $\{1, 3, 5\}$ _____ $\{1, 2, 3, 4, 5\}$。

解 (1) $\{0\} \supseteq \phi$

(2) $\{0\} \supseteq \{x \mid x^2 = -1 \text{ 且 } x \in R\}$

(3) $\{x \mid |x| = 2\} \supseteq \{x \mid x + 2 = 0\}$

(4) $\{1,3,5\} \subseteq \{1,2,3,4,5\}$

 课堂练习

1. 把适当的符号（$\subseteq$，$\supseteq$）填入空格。

(1) $\{3,4,5\}$_____$\{1,2,3,4,5\}$；

(2) $\{x \mid x-6=0\}$_____$\{6\}$；

(3) $\{-3\}$_____$\{x \mid x+3=0\}$；

(4) $\{x \mid x^2=9\}$_____ϕ；

(5) $\{3,-3\}$ _____$\{x \mid x+3=0\}$。

2. 写出集合 $\{1,2,3\}$ 的子集。

3. 满足条件 $\{1,2\} \subseteq M \subseteq \{1,2,3,4\}$ 的集合 M 有几个?

二、真包含关系

若集合 A 是集合 B 的子集，且 B 中至少有一个元素不属于 A，那么集合 A 叫做集合 B 的真子集，记作 $A \subsetneqq B$ 或 $B \supsetneqq A$，也称为 A 真包含于 B，或 B 真包含 A。

如 $A=\{1,2\}, B=\{1,2,3,4\}$，可知 $A \subseteq B$ 且 3、4 又不是集合 A 的元素，即 $A \subsetneqq B$ 或 $B \supsetneqq A$。

例 4 写出集合 $A=\{1,2,3\}$ 的真子集。

解　集合 A 的所有真子集是：

ϕ，$\{1\}$，$\{2\}$，$\{3\}$，$\{1,2\}$，$\{1,3\}$，$\{2,3\}$

例 5　写出以下两个集合的关系。

(1)　$\{a\}$ _____ $\{a,b,c\}$

(2)　$\{x\mid x^2=-1\}$ _____ $\{1\}$

解　(1)　$\{a\} \subsetneqq \{a,b,c\}$

(2)　$\{x\mid x^2=-1\} \subsetneqq \{1\}$

注意：真子集和子集之间的差别是子集包括本身，真子集不包括本身，在此基础上又得出一个很重要的结论：空集是任何非空集合的真子集。

 **课堂练习**

1. 用符号"$\in$，$\notin$，$\subsetneqq$"填空。

(1)　-3 _____ N　　　　(2)　$\sqrt{3}$ _____ R

(3)　$\{a\}$ _____ $\{a,b,c\}$　(4)　$\{1,2\}$ _____ $\{1,2,3\}$

(5)　$\{x\mid x^2=4\}$ _____ $\{x\mid |x|=2\}$

(6)　$\{0,1\}$ _____ $\{x\mid x(x-1)(x+1)=0\}$

2. 写出集合 $\{a,b,c\}$ 的所有真子集。

3. 已知集合 $A \subsetneqq \{2,3,7\}$，且 A 中至多有 1 个奇数，则这样的集合共有 _____ 个。

三、相等关系

集合与集合还有相等的关系，当集合中的元素完全一样时，两个集合就是相等的关系，如：若 $A=\{-1,1\}$，$B=\{x\,|\,x^2=1\}$，则 $A=B$。

例6 写出下述集合的关系。

(1) $A=\{0,1,-1\}$ 与 $B=\{x\,|\,x(x-1)(x+1)=0\}$

(2) $A=\{x\,|\,x^2=16\}$ 与 $B=\{4,-4\}$

(3) $A=\{1,3,5\}$ 与 $B=\{1,3,4\}$

(4) $A=\{1,2\}$ 与 $B=\{(1,2)\}$

解 (1) 集合 B 是 $x(x-1)(x+1)=0$ 的根，而方程的根为 0，1，-1，所以 $A=B$。

(2) 集合 A 是 $x^2=16$ 的根，而方程的根为 4，-4，所以 $A=B$。

(3) 两个集合中都有 1，3，但集合 A 中没有 4，集合 B 中没有 5，所以 $A\neq B$。

(4) 因为集合 A 中的元素是数，集合 B 中的元素是点，所以 $A\neq B$。

 课堂练习

1. 把适当的符号（$\neq$，$=$）填入空格。

(1) $\{2,3,4,6\}$ _____ $\{1,2,3,4,5\}$

(2) $\{x \mid x-6=0\}$ _____ $\{6\}$

(3) $\{x \mid x^2=-9\}$ _____ ϕ

(4) $\{0,-3\}$ _____ $\{x \mid x+3=0\}$

2. 下列各组中的两个集合 M 和 N，表示同一集合的是 _____。（填序号）

(1) $M=\{\pi\}, N=\{3.14159\}$

(2) $M=\{2,3\}, N=\{(2,3)\}$

(3) $M=\{x \mid -1<x\leqslant 1, x\in N\}, N=\{1\}$

(4) $M=\{1,\sqrt{3},\pi\}, N=\{\pi,1,|-\sqrt{3}|\}$

3. 若 $a,b\in R$，集合 $\{1,a+b,a\}=\{0,\dfrac{b}{a},b\}$，求 b，a 的值。

习题二

一、用合适的符号（$\in$，$\notin$，$\subseteq$，$\supseteq$，$=$）填空

1. $\{1,2,3,4,7\}$ _____ $\{1,4,7\}$

2. $\{x \mid x-6=0\}$ _____ $\{6,2\}$

3. -3 _____ $\{x \mid x+3=0\}$

4. $\{x \mid x^2=-4\}$ _____ ϕ

5. 3 _____ $\{x \mid x+3=0\}$

6. π_____ {3.141 59}

二、填空题

1. $M=\{1\}$，$N=\{1,2,3\}$，准确表示集合 M,N 之间的关系的是_____。

2. 设集合 $A=\{1,2,3\}$，则其子集的个数是_____。

3. 若 $A=\{1,4,x\}$，$B=\{1,x^2\}$，且 $B\subseteq A$，则 $x=$_____。

4. 满足条件 $\varnothing\subsetneqq A\subsetneqq\{0,1,2\}$ 的集合共有_____个。

三、解答题

1. 若 $\{1,2\}\subseteq A\subseteq\{1,2,3\}$，则满足上述条件的集合 A 有哪些?

2. 设集合 $A=\{x\,|\,x^2-ax+a^2-19=0\}$，$B=\{x\,|\,x^2-5x+6=0\}$，若 $A=B$，求 a 的值。

第三节 ▶▶ 集合的运算

一、交集

已知 $A=\{$亚细亚大酒店 1.65m 以上的所有女服务员$\}$，$B=\{$亚细亚大酒店 1.75m 以下的所有女服务员$\}$，可由这两个集合的所有公共元素构造出一个新的集合:

$C=\{$亚细亚大酒店 1.65m 以上且 1.75m 以下的所有女服务员$\}$。

下面，给出这种构造新集合法则的定义：

对于两个给定的集合 A、B，由既属于集合 A 又属于集合 B 的所有元素构成的集合，叫做集合 A 与 B 的交集，记作 $A\bigcap B$，读作 A 交 B。

由交集的定义可知，对于任意两个集合 A 与 B，都有

(1) $A\bigcap B=B\bigcap A$；

(2) $A\bigcap A=A$；

(3) $A\bigcap \phi=\phi$；

(4) 若 $A\subseteq B$ 则 $A\bigcap B=A$。

例 1　若 $A=\{1,2,3\}$，$B=\{3,5,6\}$，求 $A\bigcap B$。

解　$A\bigcap B=\{1,2,3\}\bigcap\{3,5,6\}=\{3\}$

例 2　设 $A=\{$奇数$\}$，$B=\{$偶数$\}$，$Z=\{$整数$\}$，求 $A\bigcap Z$，$B\bigcap Z$，$A\bigcap B$。

解　$A\bigcap Z=\{$奇数$\}\bigcap\{$整数$\}=\{$奇数$\}=A$

$B\bigcap Z=\{$偶数$\}\bigcap\{$整数$\}=\{$偶数$\}=B$

$A\bigcap B=\{$奇数$\}\bigcap\{$偶数$\}=\phi$

例 3　$A=\{(x,y)\,|\,4x+y=6\}$，$B=\{(x,y)\,|\,3x+2y=7\}$，求 $A\bigcap B$。

解　$A\bigcap B=\{(x,y)\,|\,4x+y=6\}\bigcap\{(x,y)\,|\,3x+2y=7\}$

$$=\left\{(x,y)\,\Big|\,\begin{cases}4x+y=6\\3x+2y=7\end{cases}\right\}=\{(1,2)\}$$

注意： $A \bigcap B$ 是两个方程构成方程组的公共解。

 课堂练习

1. 已知 $A = \{1,2,3,4\}$，$B = \{3,4,5\}$，求 $A \bigcap B$。

2. 已知 $A = \{$三角形$\}$，$B = \{$锐角三角形$\}$，$C = \{$钝角三角形$\}$，求 $A \bigcap B$，$B \bigcap C$，$A \bigcap C$。

3. 已知 $A = \{(x,y) \mid 2x + 3y = 1\}$，$B = \{(x,y) \mid 3x - 2y = 3\}$，求 $A \bigcap B$。

4. 已知 $M = \{x \mid |x| < 1, x \in Z\}$，$N = \{x \mid \sqrt{x} < 1, x \in Z\}$，求 $M \bigcap N$。

二、并集

已知 $A = \{1,3,5\}$，$B = \{2,3,4,6\}$，可由这两个集合的所有元素构造出一个新的集合。

$$C = \{1,2,3,4,5,6\}$$

下面，给出这种构造新集合法则的定义：

一般地，对于两个给定的集合 A、B，把它们所有的元素合并在一起构成的集合，叫做集合 A 与 B 的并集，记作 $A \bigcup B$，读作 A 并 B。

由并集的定义可知，对于任意两个集合 A 与 B，都有

(1) $A \cup B = B \cup A$；

(2) $A \cup A = A$；

(3) $A \cup \phi = \phi \cup A = A$；

(4) 若 $A \subseteq B$ 则 $A \cup B = B$。

例 4　若 $A = \{1,2,3\}$，$B = \{3,5,6\}$，求 $A \cup B$。

解　$A \cup B = \{1,2,3\} \cup \{3,5,6\} = \{1,2,3,5,6\}$

例 5　设 $A = \{$奇数$\}$，$B = \{$偶数$\}$，$Z = \{$整数$\}$，求 $A \cup Z$，$B \cup Z$，$A \cup B$。

解　$A \cup Z = \{$奇数$\} \cup \{$整数$\} = \{$整数$\} = Z$

$B \cup Z = \{$偶数$\} \cup \{$整数$\} = \{$整数$\} = Z$

$A \cup B = \{$奇数$\} \cup \{$偶数$\} = Z$

例 6　$A = \{(x,y) \mid x^2 - 9 = 0\}$，$B = \{(x,y) \mid x - 3 = 0\}$，求 $A \cup B$。

解　$A \cup B = \{(x,y) \mid x^2 - 9 = 0\} \cup \{(x,y) \mid x - 3 = 0\}$

$\qquad\qquad = \{3, -3\} \cup \{3\}$

$\qquad\qquad = \{3, -3\}$

 **课堂练习**

1. 若集合 $A = \{0,1,2,3\}$，$B = \{1,2,4,5\}$，则集合 A

∪B 等于 _____。

2. 若集合 $A=\{x|3\leqslant x<7\}$，$B=\{x|2<x<10\}$，则 $A\cup B=$ _____。

3. 满足条件 $M\cup\{1\}=\{1,2,3\}$ 的集合 M 的个数是 _____。

三、补集

在研究集合与集合之间的关系时，如果一些集合都是某一个给定集合的子集，那么称这个给定的集合为这些集合的全集，通常用 U 表示。

例如在研究数集时，常常把实数集 R 作为全集。

如果 A 是全集 U 的一个子集，由 U 中的所有不属于 A 的元素构成的集合，叫做 A 在 U 中的补集，记作 $C_U A$。

由补集定义可知，对于任意集合 A，有

(1) $A\cup C_U A=U$；　　　(2) $A\cap C_U A=\phi$；

(3) $C_U(C_U A)=A$。

例 7 已知 $U=\{1,2,3,4,5,6\}$，$A=\{1,3,5\}$，求 $C_U A$，$A\cap C_U A$，$A\cup C_U A$。

解 $C_U A=\{2,4,6\}$

$A\cap C_U A=\{1,3,5\}\cap\{2,4,6\}=\phi$

$$A \cup C_U A = \{1,3,5\} \cup \{2,4,6\} = \{1,2,3,4,5,6\} = U$$

例 8 已知 $U = R, A = \{x \mid x > 5\}$，求 $C_U A$。

解 $C_U A = \{x \mid x \leqslant 5\}$

例 9 已知全集 $U = Z$，若 $A = \{x \mid x = 2k, k \in Z\}$，求 $C_U A$。

解 $C_U A = \{x \mid x = 2k + 1, k \in z\}$

 课堂练习

1. 设全集 $U = \{x \mid x < 9$ 且 $x \in N\}$，$A = \{2,4,6\}$，$B = \{0,1,2,3,4,5,6\}$，则 $C_U A = \underline{\hspace{2cm}}$，$C_U B = \underline{\hspace{2cm}}$。

2. 已知 $U = \{1,2,3,4,5,6\}$，$A = \{5,2,1\}$，求 $C_U A$，$A \cap C_U A$。

3. 设 $U = R$，$A = \{x \mid a \leqslant x \leqslant b\}$，$C_U A = \{x \mid x > 4$ 或 $x < 3\}$ 则 $a = \underline{\hspace{2cm}}$，$b = \underline{\hspace{2cm}}$。

习题三

一、选择题

1. 若集合 $A = \{0,1,2,3\}$，$B = \{1,2,4\}$，则集合 $A \cup B$ 等于（　　）。

A. $\{0,1,2,3,4\}$ B. $\{1,2,3,4\}$

C. $\{1,2\}$ D. $\{0\}$

2. 集合 $A=\{x\,|-1\leqslant x\leqslant2\}$，$B=\{x\mid x<1\}$，则 $A\bigcap B$ 等于（   ）。

A. $\{x\mid x<1\}$ B. $\{x\mid-1\leqslant x\leqslant2\}$

C. $\{x\mid-1\leqslant x\leqslant1\}$ D. $\{x\mid-1\leqslant x<1\}$

3. 若集合 $A=\{$参加北京奥运会比赛的运动员$\}$，集合 $B=\{$参加北京奥运会比赛的男运动员$\}$，集合 $C=\{$参加北京奥运会比赛的女运动员$\}$，则下列关系正确的是（   ）。

A. $A\subseteq B$ B. $B\subseteq C$

C. $A\bigcap B=C$ D. $B\bigcup C=A$

4. 已知集合 $M=\{(x,y)\,|\,x+y=2\}$，$N=\{(x,y)\,|\,x-y=4\}$，那么集合 $M\bigcap N$ 为（   ）。

A. $x=3$，$y=-1$ B. $(3,-1)$

C. $\{3,-1\}$ D. $\{(3,-1)\}$

5. 集合 $M=\{1,2,3,4,5\}$，集合 $N=\{1,3,5\}$，则（   ）。

A. $M\subseteq N$ B. $M\bigcup N=M$

C. $M\bigcap N=M$ D. $M\subset N$

6. 若集合 $A=\{-1,1\}$，$B=\{x\,|\,mx=1\}$，且 $A\bigcup B=A$，则 m 的值为（   ）。

A. 1

B. −1

C. 1 或 −1

D. 1 或 −1 或 0

7. 设全集 $U=\{1,2,3,4,5\}$，$A=\{1,3,5\}$，$B=\{2,5\}$，则 $A\bigcap(C_U B)$ 等于（　　）。

A. $\{2\}$

B. $\{2,3\}$

C. $\{3\}$

D. $\{1,3\}$

二、填空题

1. 某班有学生 55 人，其中体育爱好者 43 人，音乐爱好者 34 人，还有 4 人既不爱好体育也不爱好音乐，则该班既爱好体育又爱好音乐的人数为_____人。

2. 若集合 $A=\{-1,1\}$，$B=\{x\,|\,mx=1\}$，且 $A\bigcup B=A$，则 m 的值可能为_____。

3. 方程组 $\begin{cases} x+y=1 \\ x^2-y^2=9 \end{cases}$ 的解集是_____。

4. 设 $A=\{x\in Z\,|\,-6\leqslant x\leqslant 6\}$，$B=\{1,2,3\}$，$C=\{3,4,5,6\}$，求：

(1) $A\bigcup(B\bigcap C)$；

(2) $A\bigcap(C_A(B\bigcup C))$。

三、解答题

1. 设全集是数集 $U=\{2,3,a^2+2a-3\}$，已知 $A=\{b,2\}$，$C_U A=\{5\}$，求实数 a，b 的值。

2. 设集合 $A=\{-2\}$，$B=\{x\,|\,ax+1=0,a\in R\}$，若

$A \bigcap B = B$，求 a 的值。

第四节 ▶▶ 区　　间

一、有限区间

由介于两个实数之间的所有实数所组成的集合叫做区间，其中，这两个点叫做区间的端点。例如集合 $\{x \mid 2 < x < 4\}$，$\{x \mid 0 \leqslant x \leqslant 3\}$ 等都可以称为区间。

不含端点的区间叫做开区间，例如集合 $\{x \mid 2 < x < 4\}$ 表示的是开区间；含有两个端点的区间叫做闭区间，例如集合 $\{x \mid 2 \leqslant x \leqslant 4\}$ 表示的是闭区间。

只含左端点的区间叫做右半开区间，如集合 $\{x \mid 2 \leqslant x < 4\}$ 表示的就是右半开区间；只含右端点的区间叫做左半开区间，如集合 $\{x \mid 2 < x \leqslant 4\}$ 表示的就是左半开区间。

区间常用简单符号表示：

设 a，b 为任意两个实数，且 $a < b$，这里规定：

集　　合	区　　间	在数轴上表示
$\{x \mid a \leqslant x \leqslant b\}$	$[a, b]$ （闭区间）	

续表

集　合	区　间	在数轴上表示
$\{x\,|\,a<x<b\}$	$(a,\ b)$ （开区间）	⊶————⊸ $a\qquad b$
$\{x\,|\,a<x\leqslant b\}$	$(a,\ b]$ （左开区间）	⊶————● $a\qquad b$
$\{x\,|\,a\leqslant x<b\}$	$[a,\ b)$ （右开区间）	●————⊸ $a\qquad b$

例如，集合 $\{x\,|\,2<x<5\}$ 用区间表示为 $(2,\ 5)$，是开区间；

集合 $\{x\,|\,-2<x<5\}$ 用区间表示为 $[-1,\ 5]$，是闭区间；

集合 $\{x\,|\,0\leqslant x<5\}$ 用区间表示为 $[0,\ 5)$，是左闭右开区间；

集合 $\{x\,|\,1<x\leqslant3\}$ 用区间表示为 $(1,\ 3]$，是左开右闭区间；

像这样具有两个端点的区间称为有限区间。

例 1 已知集合 $A=(-1,\ 4)$，集合 $B=[0,\ 5]$，求 $A\cup B$，$A\cap B$。

解 $A\cup B=(-1,\ 5]$ $\quad A\cap B=[0,\ 4)$

课堂练习

1. 已知集合 $A=(2,6)$，集合 $B=(-1,7)$，求 $A\cup$

B，$A \bigcap B$。

2. 已知集合 $A = [-3, 4]$，集合 $B = [1, 6]$，求 $A \bigcup B$，$A \bigcap B$。

3. 已知集合 $A = (-1, 2]$，集合 $B = [0, 3)$，求 $A \bigcup B$，$A \bigcap B$。

二、无限区间

如果推广，集合 $\{x \mid x > 2\}$ 也称为区间（区间的左端点为 2，不存在右端点），用符号 $(2, +\infty)$ 表示，其中符号 "$+\infty$" 读作 "正无穷大"；集合 $\{x \mid x < 2\}$ 称为区间，用符号 $(-\infty, 2)$ 表示，其中符号 "$-\infty$" 读作 "负无穷大"。集合 $\{x \mid x \geqslant 2\}$ 与集合 $\{x \mid x \leqslant 2\}$ 均表示区间，分别用符号 $[2, +\infty)$ 与 $(-\infty, 2]$ 表示。

集　　合	区　　间	在数轴上表示
$\{x \mid x \geqslant a\}$	$[a, +\infty)$	
$\{x \mid x > a\}$	$(a, +\infty)$	
$\{x \mid x \leqslant b\}$	$(-\infty, b]$	

续表

集 合	区 间	在数轴上表示
$\{x \mid x < b\}$	(∞, b)	 　　　　　　◦　　→ 　　　　　　b
R	$(-\infty, +\infty)$	←——————→ ——————→

像这样只有一个端点的区间称为无限区间。

可以看到，用区间表示集合，具有书写方便、简单、直观的特点。本教材中，凡是可以用区间表示的集合，一般都用区间表示。

例 2 已知集合 $A = (-\infty, 2)$，集合 $B = (-\infty, 4]$，求 $A \cup B$，$A \cap B$。

解 （1）$A \cup B = (-\infty, 4] = B$

（2）$A \cap B = (-\infty, 2) = A$

例 3 设全集为 $U = R$，集合 $A = (0, 3]$，集合 $B = (2, +\infty)$。

求 （1）$C_U A$，$C_U B$　　　　（2）$A \cup B$，$A \cap B$

解 （1）$C_U A = (-\infty, 0] \cup (3, +\infty)$，$C_U B = (-\infty, 2]$

（2）$A \cup B = (0, +\infty)$，$A \cap B = (2, 3]$

课堂练习

1. 已知集合 $A = [-1, 4)$，集合 $B = (0, 5]$，求 $A \cup$

B，$A \cap B$。

2. 设全集为 $U=R$，集合 $A=(-\infty,-1)$，集合 $B=$ $(0,3)$，求 $C_U A$，$C_U B$。

习题四

1. 已知集合 $A=(-2，3]$，集合 $B=(0，5]$，求 $A \cup B$，$A \cap B$。

2. 已知集合 $A=(-3，+\infty)$，集合 $B=(-\infty，5]$，求 $A \cup B$，$A \cap B$。

3. 已知全集为 $U=R$，集合 $A=(-1，3]$，集合 $B=$ $(0，4)$，求

(1) $A \cup B$，$A \cap B$；

(2) $C_U A$，$C_U B$。

▶ 综合练习 ◀

1. 下列对象能否组成集合？不能组成的说明原因。

(1) 整数 1、3、5、7；

(2) 到两定点距离的和等于两定点间距离的点；

（3）满足 $3x-2 > x+3$ 的全体实数；

（4）所有直角三角形；

（5）所有绝对值等于 6 的数；

（6）中国男子足球队中技术很差的队员。

2. 判断题

（1）x 是 A 的元素，记作 $x \in A$；

（2）$3 \in \{1,3,5,7\}$；

（3）$\{a\} \in \{a,b,c,d\}$；

（4）$\{a,b,c\} \subseteq \{a,b,c\}$；

（5）$\phi = 0$；

（6）$\phi \subsetneqq \{0\}$；

（7）$\{1,2\}$ 的所有子集是 $\{1\}$，$\{2\}$，$\{1,2\}$；

（8）$\{a,b,c\} = \{c,b,a\}$；

（9）$\{x \mid x^2 - 5x + 6 = 0\} = \{2,3\}$；

（10）$A \bigcup B = \{x \mid x \in A \text{ 且 } x \in B\}$；

（11）$A \bigcap B = \{x \mid x \in A \text{ 或 } x \in B\}$。

3. 选择题

（1）下列集合表示法正确的是 （   ）。

A. $\{1,2,2,3\}$

B. ｛全体实数｝

C. ｛有理数｝

D. 不等式 $2x-5 > 0$ 的解集为 $\{2x-5 > 0\}$

(2) 若集合 $A = \{x \in R \mid ax^2 + ax + 1 = 0\}$ 中只有一个元素，则 $a =$ （　　）。

A. 4　　　　　B. 2　　　　　C. 0　　　　　D. 0 或 4

(3) 下列各组对象

① 接近于 0 的数的全体；

② 比较小的正整数全体；

③ 平面上到点 0 的距离等于 1 的点的全体；

④ 正三角形的全体；

⑤ $\sqrt{2}$ 的近似值的全体。

其中能构成集合的组数有 （　　）。

A. 2 组　　　B. 3 组　　　C. 4 组　　　D. 5 组

(4) 设集合 $M = \{$大于 0 小于 1 的有理数$\}$，

$N = \{$小于 10 的正整数$\}$，

$P = \{$定圆 C 的内接三角形$\}$，

$Q = \{$所有能被 7 整除的数$\}$，

其中无限集是 （　　）。

A. M、N、P　　　　　　　　B. M、P、Q

C. N、P、Q　　　　　　　　D. M、N、Q

(5) 下列语句正确的是 （　　）。

A. $\{x \mid x^2 + 2x = 0\}$ 在实数范围内无意义

B. $\{(1,2)\}$ 与 $\{(2,1)\}$ 表示同一个集合

C. $\{4,5\}$ 与 $\{5,4\}$ 表示相同的集合

D. $\{4,5\}$ 与 $\{5,4\}$ 表示不同的集合

（6）直角坐标平面内，集合 $M=\{(x,y)\,|\,xy\geqslant 0,x\in R,y\in R\}$ 的元素所对应的点是（　　）。

A. 第一象限内的点

B. 第三象限内的点

C. 第一或第三象限内的点

D. 非第二、第四象限内的点

（7）已知 $M=\{m\,|\,m=2k,k\in Z\}$，$X=\{x\,|\,x=2k+1,k\in Z\}$，$Y=\{y\,|\,y=4k+1,k\in Z\}$ 则（　　）。

A. $x+y\in M$ 　　　　 B. $x+y\in X$

C. $x+y\in Y$ 　　　　 D. $x+y\notin M$

（8）下列各选项中的 M 与 P 表示同一个集合的是（　　）。

A. $M=\{x\in R\,|\,x^2+0.01=0\}$，$P=\{x\,|\,x^2=0\}$；

B. $M=\{(x,y)\,|\,y=x^2+1,x\in R\}$，$P=\{(x,y)\,|\,x=y^2+1,y\in R\}$；

C. $M=\{y\,|\,y=t^2+1,t\in R\}$，$P=\{t\,|\,t=(y-1)^2+1,y\in R\}$；

D. $M=\{x\,|\,x=2k,k\in Z\}$，$P=\{x\,|\,x=4k+2,k\in Z\}$。

（9）满足条件 $\{1,2,5\}\subsetneqq M\subseteq\{1,2,3,4,5\}$ 的集合 M 的个数是（　　）。

A. 3 　　　　 B. 6 　　　　 C. 7 　　　　 D. 8

4. 用符号"$\in$，$\notin$，$\subseteq$，$\not\subset$，$\subsetneqq$，$=$"填空。

(1) -3 _____ N；

(2) $\sqrt{3}$ _____ R；

(3) $\{a\}$ _____ $\{a,b,c\}$；

(4) ϕ _____ $\{x \in R \mid x^2 = -1\}$；

(5) $\phi =$ _____ $\{1,2,3\}$；

(6) $\{4,5,6\}$ _____ $\{6,5,4\}$。

5. 已知 $A = \{1,2,3,4\}$，$B = \{3,4,5,7\}$，求 $A \bigcap B$，$A \bigcup B$。

6. 用列举法写出下列方程的解集。

(1) $2x - 1 = 0$；   (2) $4(x+1) - 3(x-1) = 2$；

(3) $x^2 - 5x + 4 = 0$；   (4) $x^2 + x - 1 = 0$。

7. 用描述法表示下列集合。

(1) 方程 $x^2 - 3x + 3 = 0$ 的解集；

(2) 不大于 3 的全体实数。

8. 把下述集合用区间表示。

(1)$\{x \mid 1 < x < 3\}$ (2)$\{x \mid -3 \leqslant x < 7\}$

(3)$\{x \mid x \leqslant -3\}$ (4)$\{x \mid x > 5\}$

9. 已知 $A = \{\text{菱形}\}$，$B = \{\text{平行四边形}\}$，求 $A \bigcap B$，$A \bigcup B$。

10. 设全集 $U = R$，$A = \{x \mid -1 < x < 1\}$，求 $C_U A$，$C_U A \bigcup U$，$C_U A \bigcap U$，$A \bigcap C_U A$，$A \bigcup C_U A$。

阅读材料

康托与集合论

集合论是现代数学中重要的基础理论。它的概念和方法已经渗透到代数、拓扑和分析等许多数学分支以及物理学和质点力学等一些自然科学部门，为这些学科提供了奠基的方法，改变了这些学科的面貌。几乎可以说，如果没有集合论的观点，很难对现代数学获得一个深刻的理解。所以集合论的创立不仅对数学基础的研究有重要意义，而且对现代数学的发展也有深远的影响。

康托是19世纪末20世纪初德国伟大的数学家，集合论的创立者。

康托一生受过磨难。他以及其集合论受到粗暴攻击长达十年。康托虽曾一度对数学失去兴趣，而转向哲学、文学，但始终不能放弃集合论。康托能不顾众多数学家、哲学家甚至神学家的反对，坚定地捍卫超穷集合论，与他的科学家气质和性格是分不开的。康托的个性形成在很大程度上受到他父亲的影响。他的父亲乔治·瓦尔德玛·康托在福音派新教的影响下成长起来，是一位精明的商人，明智且有天分。他的那种深笃的宗教信仰及强烈的使命感始终带给他以勇气和信心。正是这种坚定、乐观的信念使康托义无反顾地走向数学家之路并真正取得了成功。

今天集合论已成为整个数学大厦的基础,康托也因此成为世纪之交的最伟大的数学家之一。

第二章

不 等 式

现实世界与日常生活中既存在相等关系，又存在不等关系，比如早上和傍晚的影子比中午的长，太阳比月亮离地球远，三角形两边和大于第三边等，其实与相等关系相比，不等关系更为普遍。

本章将研究不等式的概念、性质，一元一次不等式、一元一次不等式组以及一元二次不等式、绝对值不等式，分式的解法，并通过解决一些简单的实际问题来体会不等式在现实生活中的应用。

第一节 ▶ 不等式的概念和性质

一、不等式的概念

上面已经知道，用等号（＝）连接两个代数式所成的式子称之为等式，比如 $2+3=5$，$2x+1=3$ 等都是等式。

那么什么是不等式呢？

很明显，用不等号（$>$，$\geqslant$，$<$，$\leqslant$，$\neq$）连接两个代数式所成的式子叫做不等式。

比如 $5+2<8$，$3x-1>4$，$4a-2\neq6$ 等都是不等式。

例 1　用不等式表示下列关系。

（1）x 与 2 的和大于 3；

（2）实数 a 乘以 b 小于等于 5；

（3）任意一个实数 a 的平方为非负数。

　解　（1）$x+2>3$

（2）$ab\leqslant c$

（3）$a^2\geqslant0$

例 2　比较 $3x^2-2x+5$ 与 $3x^2-2x-1$ 的大小。

　解　$\because$　$(3x^2-2x+5)-(3x^2-2x-1)=6>0$

$\therefore$　$3x^2-2x+5>3x^2-2x-1$

 课堂练习

1. 用不等式表示下列关系。

（1）设三角形的三边长分别为 a，b，c，任意两边之和大于第三边；

（2）a 与 2 的差比它的 3 倍大；

（3）实数 a 与实数 b 的平方和不小于他们的乘积的 2 倍。

2. 比较 x^2-3x+4 与 x^2-3x-6 的大小。

二、不等式的性质

根据等式的性质和不等式的特点，不难得出不等式的性质。

性质 1　如果 $a>b$，$b>c$，那么 $a>c$（传递性）。

性质 2　如果 $a>b$，那么 $a+c>b+c$（c 为任意实数）（加法法则）。

　推论 1　如果 $a>b$，$c>d$，那么 $a+c>b+d$。

性质 3　如果 $a>b$，$c>0$，那么 $ac>bc$。
如果 $a>b$，$c<0$，那么 $ac<bc$（乘法法则）。

　推论 1　如果 $a>b>0$，$c>d>0$，则 $ac>bd$。

　推论 2　如果 $a>b>0$，$n>0$，则 $a^n>b^n$。

　例 3　利用不等式的性质，将下列不等式化成"$x>a$"或"$x<a$"的形式。

（1）$x+1>-5$　　　　　　（2）$-5x<3$

　解　（1）根据不等式的性质 3（加法法则），两边都减 1，得 $x+1-1>-5-1$。

　即　　　　　　　　　　$x>-6$

（2）根据不等式的性质 4（乘法法则），两边都除以 -5，得

$$x > -\frac{3}{5}$$

例 4 已知 $a < b$，用"$>$"、"$<$"、"$\neq$"填空。

(1) $a - 3$ _____ $b - 3$ (2) $2a$ _____ $2b$

(3) $5 - a$ _____ $5 - b$ (4) $3 + a$ _____ $4 + b$

解 (1) $a - 3 < b - 3$ (2) $2a < 2b$

(3) $5 - a > 5 - b$ (4) $3 + a < 4 + b$

 课堂练习

1. 已知 $x > y > 0$，用"$>$"、"$<$"填空。

(1) $-x$ _____ $-y$ (2) $2 + x$ _____ $2 + y$

(3) $4x$ _____ $4y$ (4) $1 - x$ _____ $1 - y$

(5) $5 + x$ _____ $4 + y$ (6) x^2 _____ y^2

2. 利用不等式的性质，将下列不等式化成"$x > a$"或"$x < a$"的形式。

(1) $3x > 5$ (2) $-3x < 2$

(3) $2 - x > 3$ (4) $x + 5 < 1$

三、不等式的解

由方程的解的知识，不难推出不等式的解。

　　能够使不等式成立的未知数的值叫做不等式的解，一个不等式的所有的解构成的集合叫做这个不等式的解集。

　　如：$x = 6$，7，7.2，9 都是不等式 $x > 5$ 的解，而集合 $\{x \mid x > 5\}$ 是不等式 $x > 5$ 的解集。

　　例 5　求不等式 $2x + 3 > 1$ 的解集。

　　解　由不等式的性质 3，不等式两边同时减去 3，得

$$2x > -2$$

由不等式的性质 4，不等式两边同时除以 2，得

$$x > -1$$

　　∴　不等式的解集为 $\{x \mid x > -1\}$。

　　例 6　求不等式 $-2x + 1 \leqslant 3$ 的解集。

　　解　不等式的两边分别减 1，得

$$-2x + 1 - 1 \leqslant 3 - 1$$

即

$$-2x \leqslant 2$$

$$x \geqslant -1$$

所以原不等式的解集为 $\{x \mid x \geqslant -1\}$，用区间表示为 $[-1, +\infty)$。

 课堂练习

　　1. 利用不等式的性质，解下列不等式。

(1) $5x > 7$ (2) $1 - x < 6$

(3) $\dfrac{3}{5}x + 2 < 6$ (4) $3x > 2x - 1$

2. 求不等式 $5 < 2x + 1 \leqslant 9$ 的解集。

习题一

1. 用适当的符号表示下列关系。

(1) a 的 2 倍与 3 的和比 a 的 3 倍大；

(2) $\sqrt{x + 1}$ 是非负数；

(3) 一年级 3 班的人数 x 比 4 班的人数 y 多；

(4) 地球的质量 M 比月球的质量 m 的 2 倍还大。

2. 设 $0 < a < b$，$c > 0$，利用不等式的性质填空。

(1) $a - 1$ ＿＿＿＿＿ $b - 1$ (2) $2a$ ＿＿＿＿＿ $2b$

(3) $-a$ ＿＿＿＿＿ $-b$ (4) ac ＿＿＿＿＿ bc

(5) $a + c$ ＿＿＿＿＿ $b + c$

3. 求下列不等式的解集。

(1) $3a + 2 > -1$ (2) $-3x + 4 < 0$

(3) $3 - x < 6$ (4) $3y + 1 < 2y$

4. 求不等式 $2x - 1 \leqslant \dfrac{16}{5}$ 的解集，并写出它的所有正整数解。

5. 某电子秤的称量范围是 $0\sim20\mathrm{kg}$。小刚没有注意到，将一重物放置在电子秤上称量了一下，发现电子秤提示超重。你知道这个重物的质量范围吗？用不等式表示出来。

第二节 ▶▶ 一元一次不等式及一元一次不等式组

一、一元一次不等式

看下面这几个不等式：

$$5x>3，3+x\leqslant2x-1，\frac{2x+1}{3}\leqslant\frac{3x-2}{2}$$

这些不等式有哪些共同点？

像这样的，不等号两边都是整式，只含有一个未知数，且未知数最高次数是 1 的不等式叫做一元一次不等式。

例 1　解不等式 $3x+2>x-1$。

解　不等号两边都加 $1-x$，得

$$3x+2+1-x>0$$

合并同类项，得

$$2x+3>0$$

两边同时减3，得

$$2x>-3$$

两边同时除以2，得

$$x>-\frac{3}{2}$$

所以，原不等式的解集为 $\left\{x\,\middle|\,x>-\frac{3}{2}\right\}$，用区间表示

为 $\left(-\frac{3}{2},\ +\infty\right)$。

可见，解方程的移项，合并同类项变形对于解不等式同样适用。

例 2 解不等式 $\dfrac{x-1}{2}\geqslant\dfrac{2x+1}{3}$。

解 去分母，得

$$3(x-1)\geqslant2(2x+1)$$

去括号，得

$$3x-3\geqslant4x+2$$

移项、合并同类项，得 $\quad-x\geqslant5$

所以 $\qquad\qquad x\leqslant-5$

故，原不等式的解集为 $\{x\,|\,x\leqslant-5\}$，用区间表示为 $(-\infty,\ -5]$。

同样，解方程的去分母、去括号法则对于解不等式

同样适用，只需注意，当未知数的系数为负数时，要注意变号。

 课堂练习

解下列一元一次不等式。

(1) $3x-2<x+6$

(2) $\dfrac{-x+3}{2}>1$

(3) $2(x+1)\geqslant 4(1-x)$

(4) $\dfrac{x-2}{5}>\dfrac{x}{3}$

二、一元一次不等式组

一般由含有同一个未知数的两个或两个以上的一元一次不等式合在一起，就组成了一元一次不等式组。

例如 $\begin{cases} x+1>3 \\ 2x-1<5 \end{cases}$

一元一次不等式组中每个一元一次不等式的解集的公共部分（即交集），叫做这个一元一次不等式组的解集；求不等式组解集的过程，叫做解不等式组。

例 3 解不等式组：

$$\begin{cases} 3x-1<2x & ① \\ 2x>1 & ② \end{cases}$$

解 解不等式①，得

$$x < 1$$

解不等式②，得

$$x > \frac{1}{2}$$

所以，原不等式的解集为

$$\left\{ x \mid x < 1 \right\} \bigcap \left\{ x \mid x > \frac{1}{2} \right\} = \left\{ x \mid \frac{1}{2} < x < 1 \right\}$$

用区间表示为 $\left(\dfrac{1}{2},\ 1 \right)$，在数轴上表示为

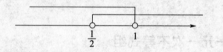

例 4 解不等式组：

$$\begin{cases} \dfrac{1}{2}x > \dfrac{1}{4}x & \text{①} \\[2mm] 4x - 3 \leqslant 1 & \text{②} \end{cases}$$

解 解不等式①，得

$$x > 0$$

解不等式②，得

$$x \leqslant 1$$

所以，原不等式组的解集为

$$\{x|x>0\} \bigcap \{x|x\leqslant 1\} = \{x|0<x\leqslant 1\}$$

用区间表示为 $(0，1]$，在数轴上表示为

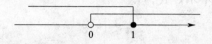

例 5　解不等式组：

$$\begin{cases} 3x-2>7 & ① \\ -x+1<x-3 & ② \end{cases}$$

解　解不等式①，得

$$x>3$$

解不等式②，得

$$x>2$$

所以不等式组的解集为

$$\{x|x>3\} \bigcap \{x|x>2\} = \{x|x>3\}$$

用区间表示为 $(3，+\infty)$，在数轴上表示为

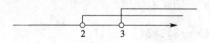

例 6　某作坊计划 5 天加工 84 件产品（每天生产量相同），按原计划生产速度，不能按时完成任务，如果每天多加工 1 件产品，就能提前完成任务，请问该作坊原先每天计划加工多少个产品？

解　设原计划每天加工 x 件产品，由题意得

$$\begin{cases} 5x < 84 \\ 5(x+1) > 84 \end{cases}$$

由第一个不等式，得

$$x < 16.8$$

由第二个不等式，得

$$x > 15.8$$

不等式的解集为 $\{x \mid x < 16.8\} \bigcap \{x \mid x > 15.8\} = \{x \mid 15.8 < x < 16.8\}$。

根据题意，x 的值应该取整数，可得 $x = 16$。

所以该作坊原计划每天加工 16 件产品。

 课堂练习

1. 解下列不等式组。

(1) $\begin{cases} 5x - 10 \leqslant 3x - 2 \\ 5(x-3) > 3(2x-3) \end{cases}$

(2) $\begin{cases} x - 3(x-2) > 3 \\ \dfrac{2x-1}{5} > \dfrac{x+1}{2} \end{cases}$

(3) $\begin{cases} x - 4 \geqslant 3x \\ \dfrac{x-2}{3} > x - 1 \end{cases}$

2. 一本小说共 98 页，小红读了一周都没读完，而小刚不到一周就读完了，小刚平均每天比小红多读 2 页，请问小红平均每天读多少页？

习题二

1. 解下列不等式。

(1) $10+2x \leqslant 11+3x$

(2) $15-9x > 10-4x$

(3) $\dfrac{x+1}{6} < \dfrac{2x-5}{4}-1$

(4) $2x+3 < x-1$

2. 解下列不等式组。

(1) $\begin{cases} 5-x \leqslant 4+2x \\ 7+3x > 6+4x \end{cases}$

(2) $\begin{cases} 3x-6 > 2x-4 \\ \dfrac{2x+3}{3}-2 > 4-x \end{cases}$

(3) $\begin{cases} 8x+5 > 9x+6 \\ 2x-1 < 7 \end{cases}$

(4) $\begin{cases} 2x-7 < 3(x-1) \\ \dfrac{4}{3}x+3 \geqslant 1-\dfrac{2}{3}x \end{cases}$

3. 求不等式 $5(x-2) \leqslant 28+2x$ 的正整数解。

4. 某工厂要招聘 A、B 两个工种的工人 150 人，A、B 两个工种的工人的月工资分别为 1500 元和 3000 元。现要求 B 工种的人数不少于 A 工种人数的 2 倍，那么招聘 A 工种工人多少人时，可使每月所付工资最少？

5. 某大型超市从生产基地购进一批水果，运输过程中质量损失 3%，假设不计超市其他费用。

（1）如果超市在进价的基础上提高 3% 作为售价，那么超市是否亏本？

（2）如果超市至少盈利 20%，那么这批水果售价最低应提高百分之几？

第三节 ▶▶ 含绝对值的不等式与分式不等式

一、含绝对值的不等式

由上面知道，一个数在数轴上对应的点到原点的距离叫做这个数的绝对值。

由绝对值的几何意义可知，不等式 $|x|<2$ 的解集是到原点距离小于 2 的所有实数构成的集合，即

$$\{x \mid |x|<2\}=\{x \mid -2<x<2\}=[-2,2]$$

在数轴上表示为

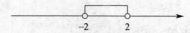

不等式 $|x|\geqslant 2$ 的解集是到原点的距离大于或等于 2 的所有实数构成的集合，即

$\{x\,|\,|x|\geqslant 2\}=\{x\,|\,x\leqslant -2\ 或\ x\geqslant 2\}=(-\infty,\ -2]\cup[2,\ +\infty)$

在数轴上表示为

一般情况下，如果 $a>0$，则

（1）不等式 $|x|<a$ 的解集是 $\{x\,|-a<x<a\}$，用区间表示为 $(-a,\ a)$；

（2）不等式 $|x|\leqslant a$ 的解集是 $\{x\,|-a\leqslant x\leqslant a\}$，用区间表示为 $[-a,\ a]$；

（3）不等式 $|x|>a$ 的解集是 $\{x\,|\,x<-a\ 或\ x>a\}$，用区间表示为 $(-\infty,\ a)\cup(a,\ +\infty)$；

（4）不等式 $|x|\geqslant a$ 的解集是 $\{x\,|\,x\leqslant -a\ 或\ x\geqslant a\}$，用区间表示为 $(-\infty,\ a]\cup[a,\ +\infty)$。

例 1　解不等式 $|x-3|<4$。

解　由不等式 $|x|<a$ 的解集知，原不等式可化为

$$-4<x-3<4$$

即

$$-1<x<7$$

所以，原不等式的解集是 $\{x \mid -1 < x < 7\}$，用区间表示为 $(-1, 7)$。

例 2 解不等式 $|2-x| \geq 5$。

解 由不等式 $|x| \geq a$ 的解集知，原不等式可化为

$$2-x \leq -5 \text{ 或 } 2-x \geq 5$$

即

$$x \geq 7 \text{ 或 } x \leq -3$$

所以，原不等式的解集为 $\{x \mid x \geq 7 \text{ 或 } x \leq -3\}$，用区间表示为 $(-\infty, -3] \cup [7, +\infty)$。

例 3 解不等式 $|2x-3| \leq 5$。

解 由不等式 $|x| \leq a$ 的解集知，原不等式可化为

$$-5 \leq 2x-3 \leq 5$$

即

$$-1 \leq x \leq 4$$

所以，原不等式的解集为 $\{x \mid -1 \leq x \leq 4\}$，用区间表示为 $[-1, 4]$。

 课堂练习

解下列不等式。

(1) $|x-1| \leq 7$ (2) $|2x+1| > 5$

(3) $|2x-3|-1 \geq 0$ (4) $|1-x| > 3$

(5) $\left| x - \dfrac{1}{4} \right| \leqslant \dfrac{3}{4}$

二、分式不等式

在不等式中含有分式，这样的不等式叫作分式不等式，例如 $\dfrac{1}{x} > 0$，$\dfrac{1}{x^3} < 0$ 等都是分式不等式。

分式不等式都可以转化为不等式组的形式求解。

例 4 解不等式 $\dfrac{2x-1}{x-4} > 0$。

解 原不等式可化为 $\begin{cases} 2x-1 > 0 \\ x-4 > 0 \end{cases}$ 或 $\begin{cases} 2x-1 < 0 \\ x-4 < 0 \end{cases}$

第一个不等式组的解集是 $\{x \mid x > 4\}$，

第二个不等式组的解集是 $\left\{ x \mid x < \dfrac{1}{2} \right\}$，

所以原不等式的解集是 $\left\{ x \mid x > 4 \text{ 或 } x < \dfrac{1}{2} \right\}$，写成区间的形式为 $\left(-\infty, \dfrac{1}{2} \right) \cup (4, +\infty)$

例 5 解不等式 $\dfrac{3x+1}{x+2} \leqslant 1$。

解 原不等式可变形为 $\dfrac{2x-1}{x+2} \leqslant 0$

进而可化为

$$\begin{cases} 2x-1 \geqslant 0 \\ x+2 < 0 \end{cases} \text{或} \begin{cases} 2x-1 \leqslant 0 \\ x+2 > 0 \end{cases}$$

第一个不等式组的解集是 $\varnothing$,

第二个不等式组的解集是 $\left\{x \mid -2 < x \leqslant \dfrac{1}{2}\right\}$,

所以原不等式的解集是 $\left\{x \mid -2 < x \leqslant \dfrac{1}{2}\right\}$,写成区间

的形式为 $\left(-2, \dfrac{1}{2}\right]$。

 课堂练习

解下列不等式。

(1) $\dfrac{x-2}{x+3} < 0$ (2) $\dfrac{1-x}{5x+1} \geqslant 0$

(3) $\dfrac{2x+1}{x-3} \geqslant 2$ (4) $1 - \dfrac{2-x}{1+x} > 0$

习题三

1. 解下列不等式。

(1) $|x+4| > 9$ (2) $\left|x+\dfrac{1}{4}\right| \leqslant \dfrac{1}{2}$

(3) $|5x-4|<6$　　(4) $\left|\dfrac{1}{2}x+1\right|\geqslant2$

2. 解下列不等式。

(1) $\left|\dfrac{1}{3}x\right|\geqslant7$　　(2) $|10x|<\dfrac{2}{5}$

(3) $|x-6|<0.1$　　(4) $3\leqslant|8-x|$

(5) $|2x+5|<6$　　(6) $|4x-1|\geqslant9$

3. 解下列不等式。

(1) $\dfrac{x-3}{x-7}>0$　　(2) $\dfrac{x-5}{3x-1}\geqslant0$

(3) $\dfrac{3x+2}{x-1}\leqslant2$　　(4) $1-\dfrac{x}{x+5}\leqslant0$

第四节 ▶ 一元二次不等式

若不等式中的代数式都是二次式，这样的不等式叫一元二次不等式。

例如：$x^2-1<0$，$2x^2-3x+1<0$ 等都是一元二次不等式。

一元二次不等式经过整理都可以化为以下四种形式：

$$x^2+px+q>0$$
$$x^2+px+q\geqslant0$$

$$x^2 + px + q < 0$$

$$x^2 + px + q \leqslant 0$$

关于一元二次不等式的解法有很多种，这里介绍一种将一元二次不等式转化为绝对值不等式的求解方法，其方法步骤为：

1. 配方

把不等式化为下面几种形式。

$(x+p)^2 > q^2$ $(x+p)^2 \geqslant q^2$

$(x+p)^2 < q^2$ $(x+p)^2 \leqslant q^2$

$(x+p)^2 \leqslant -q^2$ $(x+p)^2 < -q^2$

$(x+p)^2 \geqslant -q^2$ $(x+p)^2 > -q^2$

其中 p，q 为常数，且 $q \geqslant 0$。

2. 转化

不等式 $(x+p)^2 > q^2$ 与绝对值不等式 $|x+p| > q$ 同解；

不等式 $(x+p)^2 \geqslant q^2$ 与绝对值不等式 $|x+p| \geqslant q$ 同解；

不等式 $(x+p)^2 < q^2$ 与绝对值不等式 $|x+p| < q$ 同解；

不等式 $(x+p)^2 \leqslant q^2$ 与绝对值不等式 $|x+p| \leqslant q$ 同解；

不等式 $(x+p)^2 \leqslant -q^2$ 与 $(x+p)^2 < -q^2$ 的解集均

为 ϕ；

不等式 $(x+p)^2 \geqslant -q^2$ 与 $(x+p)^2 > -q^2$ 的解集均为 $(-\infty, +\infty)$。

其中 p，q 为常数，且 $q > 0$。

例 1 解不等式 $x^2 - 4x + 3 > 0$。

解 配方得 $(x-2)^2 - 1 > 0$

整理得 $\qquad\qquad (x-2)^2 > 1^2$

转化为 $\qquad\qquad |x-2| > 1$

解之 $\qquad\qquad x < 1$ 或 $x > 3$

所以，原不等式的解集为 $(-\infty, 1) \cup (3, +\infty)$。

例 2 解不等式 $x^2 - 4x - 5 < 0$。

解 配方得 $(x-2)^2 - 9 < 0$

整理得 $\qquad\qquad (x-2)^2 < 3^2$

转化为 $\qquad\qquad |x-2| < 3$

解之得 $\qquad\qquad -1 < x < 5$

所以，原不等式的解集为 $(-1, 5)$。

例 3 解不等式 $4x^2 - 4x + 1 > 0$。

解 配方得 $4\left(x - \dfrac{1}{2}\right)^2 > 0$，易得 $x \neq \dfrac{1}{2}$，

所以原不等式的解集 $\left(-\infty, \dfrac{1}{2}\right) \cup \left(\dfrac{1}{2}, +\infty\right)$。

例 4 解不等式 $-x^2 + 2x - 3 > 0$。

解　不等式可化为 $x^2 - 2x + 3 < 0$，

配方得 $(x - 1)^2 + 2 < 0$，

所以原不等式的解集为 ϕ。

例 5　解不等式 $-2x^2 + x - 5 < 0$。

解　不等式可化为 $2x^2 - x + 5 > 0$，

配方得
$$\left(x - \frac{1}{4}\right)^2 + \frac{39}{16} > 0$$

所以原不等式的解集为 $(-\infty, +\infty)$。

课堂练习

1. 解下列不等式。

(1) $x^2 + 4x + 5 > 5$ 　　　(2) $4x^2 + 4x + 1 < 0$

(3) $x^2 + 6x + 10 < 0$ 　　　(4) $x^2 - 3x + 5 > 0$

2. x 取什么值时，$\sqrt{x^2 - 4x + 3}$ 有意义？

习题四

1. x 取什么值时，函数 $y = x^2 - 4x + 1$ 的值。

(1) 等于零？(2) 大于零？(3) 小于零？

2. 解下列不等式。

(1) $x^2 - 7x + 12 < 0$ 　　　(2) $2x^2 < 3 - x$

（3）$2x^2-x+3>0$　　　（4）$5x+3-2x^2>0$

3. 解下列不等式。

（1）$-6x^2-x+2<0$　　（2）$x^2-2x-3>0$

（3）$-3x^2+6x\leqslant2$　　（4）$-3x+5>-x^2-6x$

4. 写出使式子 $\sqrt{-x^2+4x-5}$ 有意义的 x 的所有正整数值。

5. 已知函数 $y=x^2+4x+5$ 的值小于 10，求 x 的取值范围。

6. 如果方程 $x^2+(m-1)x+m^2-2=0$ 有两个不等的实根，则 m 的取值范围是什么？

▶▶ 综合练习 ◀◀

1. 填空题（用不等号"$>$"或"$<$"填空）。

（1）若 $a<b$，则 $a-2$ _____ $b-2$；

（2）若 $a>b>0$，则 a^3 _____ b^3；

（3）若 $a>b$，$c<d$，则 $a-c$ _____ $b-d$；

（4）若 $a>b>c>0$，则 $\dfrac{c}{a}$ _____ $\dfrac{c}{b}$；

（5）若 $0<a<b<1$，则 $\dfrac{1}{a^2}$ _____ $\dfrac{1}{b^2}$；

(6) 若 $a, b \in R$，且 $a \neq b$，则 $a^2 + 3b^2$ _____ $2b(a+b)$。

2. 解下列不等式。

(1) $1 + 5x \leqslant 4 + 2x$

(2) $15 - 3x > 10 - 5x$

(3) $\dfrac{x+1}{6} < \dfrac{2x-5}{4} - 2$

(4) $2x + 3 < 5x - 7$

3. 解下列不等式组。

(1) $\begin{cases} 5 - x \leqslant 4 + 2x \\ 7 + 3x > 6 + 4x \end{cases}$

(2) $\begin{cases} 3x - 6 > 2x - 4 \\ \dfrac{2x+3}{3} - 2 > 4 - x \end{cases}$

(3) $\begin{cases} 8x + 5 > 9x + 6 \\ 2x - 1 < 7 \end{cases}$

4. 解下列不等式。

(1) $\left| \dfrac{1}{3}x \right| \geqslant 7$ (2) $|10x| < \dfrac{2}{5}$

(3) $|x - 2| < 0.1$ (4) $3 \leqslant |3 - x|$

(5) $|4x - 5| < 6$ (6) $|2x - 3| \geqslant 5$

5. 解下列不等式。

(1) $\dfrac{x+1}{x-7} > 0$ (2) $\dfrac{x-5}{2x-3} \geqslant 0$

(3) $\dfrac{3x+2}{2x-1}<1$ (4) $3-\dfrac{x-4}{2x+5}\leqslant 0$

6. 解下列不等式。

(1) $-6x^2-x+1<0$ (2) $x^2+2x-3>0$

(3) $-3x^2+5x\leqslant 2$ (4) $-2x+3>-x^2-6x$

7. 求使式子 $\sqrt{-x^2+4x+5}$ 有意义的 x 的所有非负整数值。

8. 已知函数 $y=3x^2+4x+1$ 的值小于 6，求 x 的取值范围。

 阅读材料

数学证明的由来

公元前 11 世纪，发生了许多经济上和政治上的变化。有一些民族文化销声匿迹了。埃及和巴比伦的势力衰弱了。而新的民族，尤其是希伯莱人、亚述人、腓尼基人和希腊人则进入了社会的前列。世界已为一种新型文化做好了准备。新文化先出现于小亚细亚海岸的新兴商业城市，然后出现于希腊本土、西西里岛和意大利海滨。古代东方的静止观点行不通了。由于唯理论的气氛浓厚起来，人们不但要问"如何"，而且开始问"为什么"，即不但要知其然，而且还要知其所以然。

在数学中，人们第一次提出这样的基本问题："为什么等屋檐三角形的两个底角相等?"、"为什么圆的直径将圆分成两等分?"古代东方的以经验为根据的方法，对于解答："如何"这个问题，是十分充分的；然而要答复更为科学技术提问"为什么"，就不那么充分了。为了答复这个问题，就得在证明方法上做一定的努力。于是演绎性（现在学者认为它是数学的基本特征）显得突出了。也许，现代意义上的数学，就诞生于这种唯理论的氛围之中。

传说，证明的几何学是米利都的泰勒斯开创的。他是古代七贤之一，是公元前 6 世纪前半期的人。

泰勒斯起先是个商人，积累了足够的财富。后半生主要从事研究和旅游。据说，他有一个时期住在埃及，并且在那里由于利用影子计算金字塔的高而被人们称道。回到米利都，他的多方面才华，使他享有政治家、律师、工程师、实业家、哲学家、数学家和天文学家的声誉。泰勒斯是以数学上的发现而出名的第一个人。在几何学中，下列基本成果归功于他：

1. 圆被任一直径二等分；

2. 等腰三角形的两底角相等；

3. 两条直线相交，对顶角相等；

4. 内接于半圆的角必为直角；

5. 两个三角形，有两个角和一条边对应相等，则两个三角形全等。

这些成果的意义不是这些定理本身，而是泰勒斯对他们提供的某种逻辑推理。

函 数

　　函数主要是研究变量与变量之间的对应关系，它是解决实际生活和工作中很多问题的重要数学工具；同时它也是初等数学乃至整个数学的主要研究对象。

　　本章将在初中所学函数知识的基础上，利用集合的知识重新认识函数，研究函数的概念、表示方法，函数的性质，并通过实际例子了解函数在实际中的应用。

第一节　映　射

　　这里回顾一下初中学过的函数概念。在函数 $y = x^2$ 中，对 $x \in R$ 的每一个确定的值，按照对应法则"平方"，都有唯一确定的 y 值与它对应。例如

$$x = 1 \rightarrow y = 1, \quad x = 0 \rightarrow y = 0, \quad x = -1 \rightarrow y = 1$$

　　这时，就说 y 是 x 的函数，其中 x 是自变量，y 是

因变量，自变量 x 的取值范围是实数集 R，因变量 y 的取值范围是非负实数集 $(0, +\infty)$。

从这个例子可以看出：

（1）通过对应法则"平方"，把实数集 R 中的数对应到非负实数集 $(0, +\infty)$ 中去；

（2）对实数集 R 中的每一个实数，在非负实数集 $(0, +\infty)$ 中有且仅有一个值与之对应。

函数关系实质上表示的是两个数集的元素之间，按照某种法则确定的一种对应关系。此外，还会遇到两个集合之间的这种对应关系。请看下边的例子。

（1）设 A 表示某学校全体学生构成的集合，则对 A 中的任意元素 x（某个学生），通过测量身高，在正实数集中必定唯一实数 h（身高）与 x 对应；

（2）对任意 $x \in R$，在数轴上必有唯一点 A 与之对应。

为了研究这些类似于函数的对应关系，这里引入"映射"的概念。

定义 设 A、B 是两个非空集合，按照某种对应法则 f，对于 A 中任意一个元素 x，B 中都有唯一的元素 y 与之对应，则称 f 是集合 A 到集合 B 的映射，记作

$$f: A \rightarrow B$$

同时称 y 是 x 在映射 f 作用下的象，记作 $f(x)$，

于是 $y=f(x)$，x 称作 y 的原象。

由此可见，映射概念是初中函数概念的推广。在初中学过的函数，其实质就是数集到数集的映射。

例1 在图 3-1 中，图(1)～(3)用箭头所表明的 A 中元素与 B 中元素的对应法则，是不是映射？

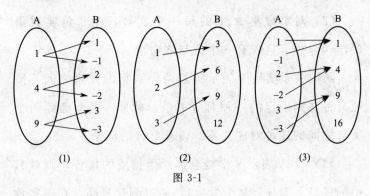

图 3-1

解 在图 3-1(1) 中，A 中的每一个元素，通过开平方运算，在 B 中有两个元素与之对应，这种对应法则不符合上述映射定义，所以（1）不是映射；

在图 3-1(2) 中，A 中的每一个元素，通过 3 倍运算，在 B 中有唯一的元素与之对应。这种对应法则符合上述映射定义，所以（2）是映射；

在图 3-1(3) 中，A 中的每一个元素，通过平方运算，在 B 中有唯一的元素与之对应。这种对应法则也符合上述映射定义，所以（3）同样是映射。

所不同的是，在图 3-1(3) 中 A 中每两个元素同时

对应 B 中的每一个元素,而且 B 中 16 在 A 中没有原象,在图(2)中 A 中每一个元素同时对应 B 中的每一个元素,而且 B 中 12 在 A 中没有原象。

从上例可以看到,A 到 B 的映射只允许一个元素对应一个元素或多个元素对应一个元素,而不允许一个元素对应多个元素。A 中不能有剩余元素,B 中可以有剩余元素。

若 A 中的不同元素在 B 中对应的元素也不同,这样的映射又叫做单射,如上例中映射(2);若 B 中没有剩余元素,也就是 B 中每一个元素都有原象的映射又叫做满射,如上例中映射(3)。既是单射又是满射的映射叫做一一映射。

 课堂练习

1. 下图所示的对应中,哪些是 A 到 B 的映射?

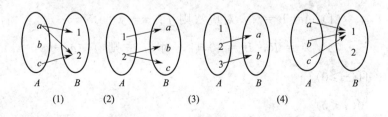

2. 根据对应法则,写出图中给定元素的对应元素。

（1）$f：x \to 2x+1$； （2）$g：x \to \dfrac{x-1}{2}$。

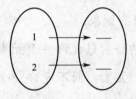 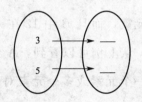

3. 下面给出的四个映射中，哪个是单射，哪个是满射，哪个是一一映射？

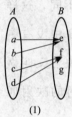 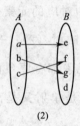 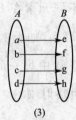 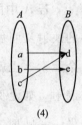

（1） （2） （3） （4）

习题一

1. 下列从集合 A 到集合 B 的对应中，构成映射是_____。

（1）$A=B=N$，对应法则 $f：x \to y=|x-3|$

（2）$A=R$，$B=\{0,1\}$，对应法则 $f：x \to y=$
$\begin{cases} 1(x \geqslant 0) \\ 0(x<0) \end{cases}$

（3）$A=B=R$，对应法则 $f：x \to y=\pm\sqrt{x}$

（4）$A=Z$，$B=Q$，对应法则 $f：x \rightarrow y=\dfrac{1}{x}$

2. 已知集合 $A=B=\{(x,y)|x \in R,y \in R\}$，

A 到 B 的映射 $f：(x,y) \rightarrow (x+y,xy)$。

（1）A 中元素 $(2,-3)$ 对应于 B 中哪些元素？

（2）B 中元素 $(2,-3)$ 与 A 中哪些元素对应？

3. 若集合 $A=\{1,2\}$，$B=\{a,b\}$，则按一定的对应法则，可以构成映射 $f：A \rightarrow B$ 的映射的个数是 _____ 。

第二节 ▶▶ 函数的概念和表示方法

一、函数的概念

上一节，已经学习了映射的概念，下面用集合和映射的语言给出函数定义的进一步表述。

定义 设 A、B 是非空的数集，如果按照某个确定的对应法则 f 对于集合 A 中的任意一个元素 x，集合 B 中都有唯一确定的元素 y 和它对应，那么就称映射 $f：A \rightarrow B$ 为从集合 A 到集合 B 的一个函数。

记作：$y=f(x)$，$x \in A$

由函数的定义可知函数是映射的一个特例，其中 x

叫做自变量，x 的取值范围 A 叫做函数的定义域；与 x 的值相对应的 y 的值叫做函数值，函数值的集合 $\{f(x) \mid x \in A\}$ 叫做函数的值域。

由函数定义可知，只要函数的定义域和对应法则确定以后，这个函数就确定了，值域取决于定义域和对应法则，所以定义域和对应法则称为函数的两要素。函数除了用符号 $y = f(x)$ 表示外，还常用等符号 $y = g(x)$，$y = h(x)$ 来表示。

需要注意的是：

（1）函数一定是映射，映射不一定是函数；

（2）在 $y = f(x)$ 中 f 表示对应法则，不同的函数其含义不一样；

（3）"$y = f(x)$" 是函数符号，可以用任意的字母表示，如 "$y = g(x)$"；

（4）函数符号 "$y = f(x)$" 中的 $f(x)$ 表示与 x 对应的函数值，是一个数，而不是 f 乘以 x。

在实际问题中，函数的定义域要根据所研究问题的实际意义而定，如果一个函数由一个没有说明实际背景的等式给出，并且也没有指明它的定义域，这时就认为函数的定义域是所有能使这个式子有意义的实数的集合。

下面是学过的几个简单函数的定义域、值域。

（1）一次函数 $f(x) = ax + b (a \neq 0)$：定义域 R，值域 R；

（2）反比例函数 $f(x) = \dfrac{k}{x} (k \neq 0)$：定义域 $\{x \mid x \neq 0\}$，值域 $\{y \mid y \neq 0\}$；

（3）二次函数 $f(x) = ax^2 + bx + c (a \neq 0)$：定义域 R，值域为当 $a > 0$ 时，$\left\{ y \mid y \geqslant \dfrac{4ac - b^2}{4a} \right\}$，当 $a < 0$ 时，$\left\{ y \mid y \leqslant \dfrac{4ac - b^2}{4a} \right\}$。

例 1　求下列函数的定义域。

（1）$y = 2x^2 - x + 1$　　　　（2）$y = \dfrac{2}{x - 1}$

（3）$y = \sqrt{1 - 2x}$　　　　（4）$y = \sqrt{x - 1} + \dfrac{1}{2 - x}$

解　（1）x 取任何实数时，$2x^2 - x + 1$ 都有意义，所以这个函数的定义域为实数集 R；

（2）当 $x \neq 1$ 时，分式 $\dfrac{2}{x - 1}$ 有意义，所以这个函数的定义域是 $(-\infty, 1) \cup (1, +\infty)$；

（3）当 $x \leqslant \dfrac{1}{2}$ 时，根式 $\sqrt{1 - 2x}$ 有意义，所以这个函数的定义域是 $\left(-\infty, \dfrac{1}{2} \right]$；

（4）这个函数，只有当 $x - 1 \geqslant 0$，且 $2 - x \neq 0$ 时才有

意义，所以这个函数的定义域是不等式组

$$\begin{cases} x-1 \geqslant 0 \\ 2-x \neq 0 \end{cases}$$

的解集，即 $x \geqslant 1$ 且 $x \neq 2$，用区间表示为 $[1,2) \cup (2,+\infty)$。

例 2 已知 $f(x) = \dfrac{1}{3x-1}$，求 $f(-2)$，$f(0)$，$f\left(\dfrac{1}{2}\right)$ 及函数的定义域。

解 $f(-2) = \dfrac{1}{3 \times (-2) - 1} = -\dfrac{1}{7}$

$$f(0) = \dfrac{1}{3 \times 0 - 1} = -1$$

$$f\left(\dfrac{1}{2}\right) = \dfrac{1}{3 \times \dfrac{1}{2} - 1} = 2$$

因为要使已知函数有意义，当且仅当 $3x-1 \neq 0$，所以该函数的定义域是 $\left\{ x \mid x \neq \dfrac{1}{3} \right\}$，用区间表示为 $\left(-\infty, \dfrac{1}{3} \right) \cup \left(\dfrac{1}{3}, +\infty \right)$。

函数的定义域都必须表示为集合的形式，能用区间表示的最好用区间表示。

 课堂练习

1. 设 $f(x)=\dfrac{1}{3x-1}$，求 $f(1)$，$f(-1)$，$f(0)$，$f(b)$。

2. 求下列函数的定义域。

(1) $f(x)=\sqrt{x-4}$ 　　　(2) $f(x)=\dfrac{1}{x-5}$

3. 已知函数 $f(x)=2x-3$，$x\in\{0,1,2,3,5\}$，求 $f(0)$，$f(2)$，$f(5)$。

4. 已知函数 $f(x)=2x^2-x+3$，求 $f(-x)$，$f(1+x)$。

5. 求下列函数的定义域。

(1) $y=\sqrt{x-8}+\sqrt{3-x}$

(2) $f(x)=\sqrt{x-1}+\sqrt{5+x}$

(3) $f(x)=\sqrt{2x-3}+\sqrt{7-x}$

(4) $f(x)=\sqrt{x}-\sqrt{-x}$

二、函数的表示方法

数学上常用的表示函数的方法有三种：解析法、列表法和图像法。

1. 解析法

例如 $y=x^2$，$y=2x$ 等都是用一个等式来表示两个变

量间的关系，这种表示函数的方法叫做解析法。

用解析法表示函数关系的优点是：函数关系清楚，容易从自变量的值求出其对应的函数值，便于用解析式来研究函数的性质。

2. 列表法

所谓列表法是指用表格来表示两个变量之间函数关系的方法。

下表是一个例子，它记录了李佳上小学时数学的期末考试成绩：

学期	1	2	3	4	5	6	7	8	9	10	11	12
成绩/分	95	90	85	88	90	91	92	90	95	98	90	85

从表中可以看出李佳的每次数学成绩与学期数之间构成函数关系。

3. 图像法

所谓图像法是指用图像来表示两个变量之间函数关系的方法。

从图 3-2 中可看出玉米单价（每吨玉米的价格）随着时间的变化而不断起伏，任意时刻都对应着唯一的玉米单价，所以在这里玉米单价是时间的函数。

例 3 画出函数 $y = 6x$ 的图像。

解 函数 $y = 6x$ 是一次函数，其图像是一条直线；

如图 3-3 所示。

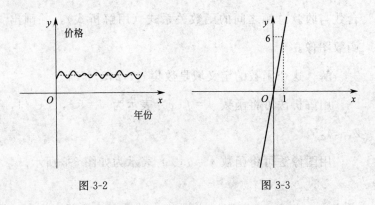

图 3-2   图 3-3

例 4 画出函数 $y = 6x$，$x \in (0, 10]$ 的图像。

解 $y = 6x$ 是一次函数，而定义域是 $(0, 10]$。

由此可知图像是一条线段，所以只要指出函数 $y = 6x$ 图像上的两个端点，然后用直尺将这两个端点连接起来即可（注意是否包括两端点）。如图 3-4 所示。

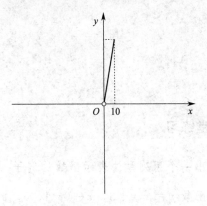

图 3-4

例 5 某商店有玩具 5 台，每台售价 100 元，求售出台数与收款总额之间的函数关系式（用解析式），并画出函数图像。

解 这个函数的定义域是数集 $\{1,2,3,4,5\}$。

用解析法可将函数 $y=f(x)$ 表示为 $y=5x$，$x\in\{1,2,3,4,5\}$。

用图像法可将函数 $y=f(x)$ 表示为如图 3-5 所示。

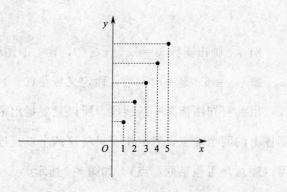

图 3-5

 课堂练习

1. 试举出一个用列举法表示函数的例子。

2. 画出函数 $y=-x+3$，$x\in(-1,5)$ 的图像。

3. 某商店有游戏机 12 台，每台售价 200 元，求售出台数与收款总数之间的函数关系（用解析式），并画出函数图像。

4. 某种笔记本的单价是 5 元，买 x ($x \in \{1,2,3,4,5\}$) 个笔记本需要 y 元，试用三种表示法表示函数 $y = f(x)$。

习题二

1. 求下列函数中自变量 x 的取值范围。

(1) $y = \dfrac{5x+7}{2}$　　　　(2) $y = x^2 - x - 2$

(3) $y = \dfrac{3}{4x+8}$　　　　(4) $y = \sqrt{x+3}$

2. 分别写出下列各问题中的函数关系式及自变量的取值范围。

(1) 某市民用电费标准为每度 0.50 元，求电费 y（元）关于用电度数 x 的函数关系式。

(2) 已知等腰三角形的面积为 20cm^2，设它的底边长为 x(cm)，求底边上的高 y(cm) 关于 x 的函数关系式。

(3) 在一个半径为 10cm 的圆形纸片中剪去一个半径为 r(cm) 的同心圆，得到一个圆环。设圆环的面积为 s(cm^2)，求 s 关于 r 的函数关系式。

（4）矩形的周长为 12cm，求它的面积 s（cm²）与它的一边长 x（cm）间的关系式，并求出当一边长为 2cm 时这个矩形的面积。

3. 在某次实验中，测得两个变量 m 和 v 之间的 4 组对应数据如下表所示。

m	1	2	3	4
v	2.01	4.9	10.03	17.1

则 m 与 v 之间的关系最接近于下列各关系式中的（　　）。

A. $v = 2m$　　　　　　B. $v = m^2 + 1$

C. $v = 3m - 1$　　　　D. $v = 4m - 2$

4. 一架雪橇沿一斜坡滑下，它在时间 t（秒）滑下的距离 s（米）由下式给出：$s = 10t + 2t^2$，假如滑到坡底的时间为 8 秒，试问坡长为多少？

5. 当 $x = 2$ 及 $x = -3$ 时，分别求出下列函数的函数值。

（1）$y = (x+1)(x-2)$　　　（2）$y = 2x^2 - 3x + 2$

（3）$y = \dfrac{x+2}{x-1}$

6. 画出下列函数的图像，并判断大括号内各点是否在该函数的图像上。

(1) $y=3x-1$，$\{(0，-1)，(-2，-7)，(1，-2)，$
$(2.5，6.5)\}$

(2) $y=\dfrac{2}{x+1}(x\geqslant 0)$，$\{(0，2)，(2，\dfrac{2}{3})，(3，1)\}$

7. 已知等腰三角形的周长为 12cm，若底边长为
$y$cm，一腰长为 $x$cm。

(1) 写出 y 与 x 的函数关系式；

(2) 求自变量 x 的取值范围；

(3) 画出这个函数的图像。

第三节 ▶▶ 函数的性质

一、函数的单调性

请观察下列图像，总结函数值随自变量取值的变化
规律。

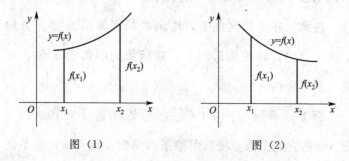

图 (1)　　　　图 (2)

从上面的图像中可以看出：

（1）图（1）中在定义域内，自变量越大函数值越小（自变量越小函数值越大），自变量与函数值变化趋势相反；

（2）图（2）中在定义域内，自变量越大函数值越大（自变量越小函数值越小），自变量与函数值变化趋势相同。

用数字语言来描述如下。

一般地，在函数 $f(x)$ 定义域内某个给定区间 I 上，任选两个自变量的取值 x_1 和 x_2，如果当 $x_1 > x_2$，总有 $f(x_1) > f(x_2)$，也就是说函数 $f(x)$ 在区间 I 上是增函数；如果当 $x_1 > x_2$，总有 $f(x_1) < f(x_2)$，也就是说函数 $f(x)$ 在区间 I 上是减函数。

若函数 $y = f(x)$ 在区间 I 上是增函数或减函数，那么也就是说函数 $f(x)$ 在区间 I 上具有单调性，区间 I 叫做函数 $y = f(x)$ 的单调区间。

注意：在单调区间上，增函数的图像沿 x 轴正方向上是上升的；在单调区间上，减函数的图像沿 x 轴正方向上是下降的。

例 1 函数 $y = f(x)$ 的定义域是 $[-10, 10]$，图 3-6 是它的图像，根据图像指出函数 $y = f(x)$ 的单调区间，以及在每一个单调区间上函数 $y=f(x)$ 是增函数还是减函数？

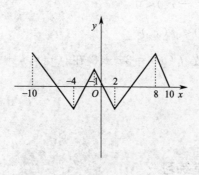

图 3-6

解 函数 $y=f(x)$ 的单调区间有：$[-10，-4)$、$[-4，-1)$、$[-1，2)$、$[2，8)$、$[8，10]$。其中函数 $y=f(x)$ 在区间 $[-10，-4)$、$[-1，2)$、$[8，10]$ 上是减函数，在区间 $[-4，-1)$、$[2，8)$ 上是增函数。

例2 证明函数 $f(x)=3x+2$ 在 $(-\infty，+\infty)$ 上是增函数。

证明 设 x_1，x_2 是任意两个不相等的实数，且 $x_1<x_2$，则有

$$f(x_1)=3x_1+2$$

$$f(x_2)=3x_2+2$$

$$f(x_1)-f(x_2)=3x_1+2-3x_2-2=3(x_1-x_2)$$

$\because$ $x_1<x_2$

∴　$f(x_1)-f(x_2)=3x_1+2-3x_2-2=3(x_1-x_2)$

∴　$x_1-x_2<0$

∴　$3(x_1-x_2)<0$

即 $f(x_1)<f(x_2)$

所以函数 $f(x)=3x+2$ 在 $(-\infty,+\infty)$ 上是增函数。

 课堂练习

1. 下列函数在指定区间上是增函数还是减函数？

(1) $y=x^2+2$ 在 $(0，10)$ 上；

(2) $y=-x^2-3$ 在 $(-10，0)$ 上。

2. 画出下列函数的草图，指出下列函数的单调区间，并判断它们在各单调区间的增减性。

(1) $f(x)=-\dfrac{1}{3}x+6$ 　　(2) $f(x)=-\dfrac{5}{x}$

(3) $f(x)=x^2+6$ 　　(4) $f(x)=-(x-2)^2$

3. 证明函数 $f(x)=x^2$ 在 $(0，+\infty)$ 上是增函数。

二、函数的奇偶性

请观察 $f(x)=2x$ 与 $g(x)=\dfrac{1}{4}x^2$ 的图像，总结函数

图像的规律特征。如图 3-7 所示。

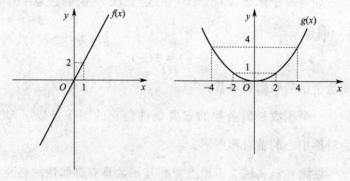

图 3-7

容易发现，这两个图形分别是对称图形，这就是说：

（1）可以看出函数 $f(x)=2x$ 的图形是以坐标原点为对称中心的中心对称图形，图像上的每一个点 $[x,f(x)]$ 都有关于原点的对称点 $[-x,-f(x)]$，即

如果对于函数 $y=f(x)$ 的定义域 A 内的任意一个 x，都有

$$f(-x)=-f(x)$$

则这个函数叫做奇函数。

一个函数是奇函数的充要条件是它的图像是以坐标原点为对称中心的中心对称图形。

（2）可以看出函数 $g(x)=\dfrac{1}{4}x^2$ 图形是以 y 轴为对称中心的轴对称图形，图像上的每一个点 $[x,f(x)]$ 都有关

于 y 轴的对称点 $[-x, f(x)]$，即

如果对于函数 $y = f(x)$ 的定义域 A 内的任意一个 x，都有

$$f(-x) = f(x)$$

则这个函数叫做偶函数。

一个函数是偶函数的充要条件是它的图像是以 y 轴为对称中心的轴对称图形。

注意：定义域关于原点对称是函数具有奇偶性的必要条件。

例 3 如图 3-8 所示，给出了奇函数 $y = f(x)$ 的局部图像，求 $f(-4)$。

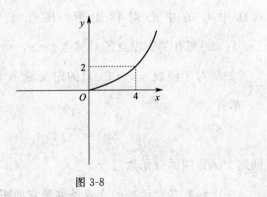

图 3-8

解 由奇函数的定义及图像，可知 $f(-4) = -f(4) = -2$。

例 4 如图 3-9 所示，给出了偶函数 $y = f(x)$ 的局部图像，比较 $f(1)$ 与 $f(3)$ 的大小。

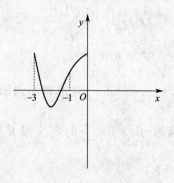

图 3-9

解 由偶函数定义可知 $f(-1)=f(1)$，$f(-3)=f(3)$，由图可知 $f(-3)>f(-1)$，

$$\therefore \quad f(3)>f(1)$$

例5 判断下列函数的奇偶性。

(1) $f(x)=x^2(x\in[-1,3])$　　(2) $f(x)=x^2+x^3$

(3) $f(x)=\dfrac{1}{x}$

解 (1) 函数 $f(x)=x^2$ 的定义域是 $[-1,3]$，定义域不关于原点对称，所以函数 $f(x)=x^2$ 既不是奇函数也不是偶函数。

(2) 因为 $f(x)=x^2+x^3$ 的定义域是实数集 R，当 $x\in R$ 时，$-x\in R$，

$$f(-x)=(-x)^2+(-x)^3=x^2-x^3$$

$$\neq f(x)$$

$$\neq -f(x)$$

所以函数 $f(x)=x^2+x^3$ 是非奇非偶函数。

(3) 因为函数 $f(x)=\dfrac{1}{x}$ 的定义域是实数集 R，当 $x\in R$ 时，$-x\in R$，

$$f(-x)=-\dfrac{1}{x}=-f(x)$$

所以函数 $f(x)=\dfrac{1}{x}$ 是奇函数。

 课堂练习

1. 判断下列函数的奇偶性。

(1) $f(x)=5x+x^3$　　　(2) $f(x)=-x^2$

(3) $f(x)=x^3+1$　　　(4) $f(x)=x^2-1$

2. 已知 $f(x)$ 为奇函数，$f(6)=2$，那么 $f(-6)=$ _____；如果 $g(x)$ 为偶函数，且 $g(-6)=2$，那么 $g(6)=$ _____。

3. 判断下列论断是否正确，如不正确加以改正。

(1) 一个函数的定义域关于原点对称，那么这个函数

就是奇函数；

（2）如果一个函数是奇函数，那么它的定义域关于原点对称；

（3）一个函数的图像关于 y 轴对称，那么这个函数是偶函数，反之亦然；

（4）一个函数的图像关于原点对称，那么这个函数是奇函数，反之亦然。

4. 已知函数 $f(x)$ 在区间 $[-a, 0]$（$a>0$）上是增函数。

（1）若 $f(x)$ 又是奇函数，那么 $f(x)$ 在 $[-a, 0]$ 上是增函数还是减函数？

（2）若 $f(x)$ 又是偶函数，那么 $f(x)$ 在 $[-a, 0]$ 上是增函数还是减函数？

习题三

1. 设函数 $f(x)=(2a-1)x+b$ 是 R 上的减函数，则有（   ）。

A. $a\geqslant\dfrac{1}{2}$　　B. $a\leqslant\dfrac{1}{2}$　　C. $a>-\dfrac{1}{2}$　　D. $a<\dfrac{1}{2}$

2. 函数 $f(x)$ 在 R 上是减函数，则有（   ）。

A. $f(3)<f(5)$　　　　　B. $f(3)\leqslant f(5)$

C. $f(3) > f(5)$ D. $f(3) \geqslant f(5)$

3. 若 $y = (2k-1)x + b$ 是 R 上的减函数，则有（   ）。

A. $k > \dfrac{1}{2}$ B. $k > -\dfrac{1}{2}$

C. $k < \dfrac{1}{2}$ D. $k < -\dfrac{1}{2}$

4. 已知函数 $f(x)$ 是定义在 R 上的减函数，且 $f(4a-3) > f(5+6a)$，则实数 a 的取值范围是（   ）。

A. $\left(-\dfrac{3}{4}, +\infty\right)$ B. $\left(-\infty, -\dfrac{5}{6}\right)$

C. $(-\infty, -4)$ D. $(-4, +\infty)$

5. 判断下列函数是奇函数、偶函数，还是非奇非偶函数。

(1) $f(x) = x^2 + x$ (2) $f(x) = \dfrac{1}{x-1}$

(3) $f(x) = x^2 + 1$ (4) $f(x) = x^2 + 2x - 4$

6. 若点 $(4,5)$ 在奇函数 $y = f(x)$ 的图像上，则点 _____ 也一定在 $y = f(x)$ 的图像上；若点 $(4,5)$ 在偶函数 $y = f(x)$ 的图像上，则点 _____ 也一定在 $y = f(x)$ 的图像上。

7. 已知函数 $f(x)$ 在区间 $(0, +\infty)$ 上是减函数，试比较 $f(a^2 - a + 1)$ 与 $f\left(\dfrac{3}{4}\right)$ 的大小。

第四节 ▶▶ 函数在实际生活中的应用

在日常生活和科学技术中，经常会遇到一些问题，这些问题可以通过建立数学模型、用函数的知识来解决，下面举例说明。

例1 小明暑假第一次去北京。汽车驶上 A 地的高速公路后，小明观察里程碑，发现汽车的平均速度是 95 千米/小时。已知 A 地直达北京的高速公路全程 570 千米，小明想知道汽车从 A 地驶出后，距北京的路程和汽车在高速公路上行驶的时间有什么关系，以便根据时间估计自己和北京的距离。

分析 由上面知道匀速行驶的汽车在路上是做匀速直线运动，行驶的距离随时间的变化而变化。因此，这两个变量之间的关系式应该是一次函数。

解 可设汽车在高速公路上行驶时间为 t 小时，汽车距北京的路程为 s 千米，则不难得到 s 与 t 的函数关系式是

$$s = 570 - 95t$$

总结 像这种汽车行驶速度一定，行驶路程和行车时间之间的函数关系一定是一次函数关系式；一次函数的一

般表达式为 $y = kx + b$，它的图像是一条直线。

例 2 已知弹簧的长度 y（厘米）在一定的限度内是所挂重物质量 x（千克）的一次函数。现已测得不挂重物时弹簧的长度是 6 厘米，挂 4 千克质量的重物时，弹簧的长度是 7.2 厘米。求这个一次函数的关系式。

分析 已知 y 与 x 的函数关系是一次函数，则关系式必是 $y = kx + b$ 的形式，所以要求的就是系数 k 和 b 的值。而两个已知条件就是 x 和 y 的两组对应值，也就是当 $x = 0$ 时，$y = 6$；当 $x = 4$，$y = 7.2$。可以分别将它们代入函数式，进而求得 k 和 b 的值。

解 设所求函数的关系式是 $y = kx + b$，根据题意，得

$$\begin{cases} b = 6 \\ 4k + b = 7.2 \end{cases}$$

解这个方程组，得

$$\begin{cases} k = 0.3 \\ b = 6 \end{cases}$$

所以所求函数的关系式是

$$y = 0.3x + 6$$

其中 x 有一定的范围。

例 3 某商场销售一批名牌衬衫，平均每天可售出 20 件，每件盈利 40 元。为了扩大销售，商场决定采取适当的降价措施，经调查发现，如果每件衬衫每降价 1 元，商场平均每天可多售出 2 件，每件衬衫降价多少元时，商场平均每天盈利最多？

分析 在这个问题中，该商品每天的利润与其降价的幅度有关，设每件衬衫降价 x 元，该商品每天的利润是 y 元，

$$y=(20+2x)(40-x)$$

y 应该是 x 的二次函数。

解 如果每件衬衫降价 x 元，那么平均每天可多售出 $2x$ 件。根据题意，商场平均每天盈利

$$y=(20+2x)(40-x)$$
$$=-2x^2+60x+800$$
$$=-2(x-15)^2+1250$$

所以当 $x=15$ 时，盈利 y 取得最大值为 1250 元。

总结 像这种利润与售价之间的关系满足的基本上都是二次函数关系。二次函数的一般形式是 $y=ax^2+bx+c$ 且当自变量取到某个值时，函数值能够取到最值；二次函数的图像是一条抛物线。

例 4 某建筑工队，在工地一边的靠墙处，用 120 米长的铁栏杆围一个所占地面积为长方形的临时仓库，铁栅

栏只围三边。

(1) 若长方形的面积是 1152 平方米, 求长方形两条邻边的长。

(2) 如何做才能使所围面积达到最大值。

解 (1) 设长方形中不靠墙的一边长为 x, 则另一边长为 $120-2x$, 设长方形的面积为 y, 则长方形的面积可表示为:

$$y=(120-2x)x$$

依据题意当 $y=1152$ 时, 解方程 $(120-2x)x=1152$ 得

$$x_1=48, \ x_2=12$$

另一边长为 24 或者 96。

(2) 长方形的面积
$$\begin{aligned} y &=(120-2x)x \\ &=-2x^2+120x \\ &=-2(x-30)^2+1800 \end{aligned}$$

所以, 当且仅当 $x=30$ 时, 面积 y 取到最大值 1800。

 课堂练习

1. 已知一个直角的三角形的两条直角边的和是 10cm。

(1) 当它的一条直角边是 4.5cm 时, 求这个直角三

角形的面积。

（2）设这个直角三角形的面积为 $S(\text{cm}^2)$，其中一条边长为 $x\text{cm}$，求 S 关于 x 的函数关系式。

2. 按照我国税法规定：个人月收入不超过 1600 元，免缴个人所得税。超过 1600 元不超过 2100 元的部分，需缴纳 5% 的个人所得税。试写出月收入在 1600 元到 2100 元之间的人应缴纳的税金 y（元）和月收入 x（元）之间的函数关系式。

3. 某商场进价为 40 元的商品，按每件 50 元出售时，可卖出 500 件。若商品每件涨价 1 元，则销售减少了 10 件。为赚取更多的利润，该商品的价格应定为多少元？

习题四

1. 一个小球被抛出后，如果距离地面的高度 h（米）和运行时间 t（秒）的函数解析式为 $h=-5t^2+10t+1$，那么小球到达最高点时距离地面的高度是（　　）。

　　A. 1 米　　　B. 3 米　　　C. 5 米　　　D. 6 米

2. 某公司在甲、乙两地同时销售某种品牌的汽车。已知在甲、乙两地的销售利润 y（单位：万元）与销售量 x（单位：辆）之间分别满足：$y_1=-x^2+10x$，$y_2=$

$2x$，若该公司在甲、乙两地共销售 15 辆该品牌的汽车，则能获得的最大利润为（　　）。

A. 30 万元　　　　　　B. 40 万元

C. 45 万元　　　　　　D. 46 万元

3. 某市出租车计费标准如下：行程不超过 3 千米，收费 8 元；超过 3 千米部分，按每千米 1.60 元计算。求车费 p 和行驶路程 s 之间的函数关系式，并分别求出当路程为 2.5 千米和 7 千米时应付的车费。

4. 某商店将每件进价为 8 元的某种商品按每件 10 元出售，一天可销出约 100 件。该店想通过降低售价、增加销售量的办法来提高利润，经过市场调查，发现这种商品单价每降低 0.1 元，其销售量可增加 10 件。将这种商品的售价降低多少时，能使销售利润最大？

▶▶ **综合练习** ◀◀

1. 小红的爷爷饭后出去散步，从家中走 20 分钟到一个离家 900 米的街心花园，与朋友聊天 10 分钟后，用 15 分钟返回家里。下面图形中表示小红爷爷离家的时间与外出距离之间的关系是（　　）。

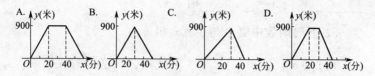

2. 分别写出下列函数的关系式，指出是哪种函数，并确定其中自变量的取值范围。

（1）在时速为 60km 的运动中，路程 s（km）关于运动时间 t（h）的函数关系式；

（2）某校要在校园中辟出一块面积为 $84m^2$ 的长方形土地做花圃，这个花圃的长 y（m）关于宽 x（m）的函数关系式；

（3）已知银行活期存款的月利率是 0.06%，国家规定，取款时，利息部分要交纳 20% 的利息税，如果某人存入 2 万元，取款时实际领到的金额 y（元）与存入月数 x 的函数关系式。

3. 求下列函数中自变量的取值范围。

（1）$y = \dfrac{1}{2}x - 3$ 　　（2）$y = \dfrac{1}{2-x}$

（3）$y = x^2 + 2x - 3$ 　　（4）$y = \sqrt{2x-3}$

4. 填空。

（1）已知函数 $y = x^2 - 3x - 4$，当 $x =$ _____时，函数值为 0；

（2）已知函数 $y = 2x^2 - 3x - 2$。当 $x = 1$ 时，$y =$

_____；当 $x=$ _____时，$y=1$。

5. 下列函数中哪个与 $y=x$ 相等（　　）。

(1) $y=(\sqrt{x})^2$　　　　　　(2) $y=(\sqrt[3]{x^3})$

(3) $y=\sqrt{x^2}$　　　　　　(4) $y=\dfrac{x^2}{x}$

6. 已知函数 $y=f(x)$ 的定义域为 R，$f(x)$ 为定义在 R 上的增函数，且满足 $f(x+y)=f(x)f(y)$，$f(1)=2$。

(1) 求 $f(2)$　　　　　　(2) 求 $f(4)$

7. 判断下列函数是奇函数还是偶函数。

(1) $f(x)=x^2+x$　　　　(2) $f(x)=\dfrac{1}{x-1}$

(3) $f(x)=x^2+4$　　　　(4) $f(x)=5$

8. 判断函数 $f(x)=x^2$ 在 R 上的单调性。

9. 求下列函数在指定处的函数值。

(1) 已知 $f(x)=2x-3$，求 $f(0)$，$f(1+x)$。

(2) 已知 $f(x)=2x^2+5$，求 $f(1)$，$f(a)$。

10. 已知函数 $f(x)$ 在区间 $(0，+\infty)$ 上是增函数，试比较 $f(a^2+2a-8)$ 与 $f(2)$ 的大小。

11. 某商店经营 T 恤衫，已知成批购进时单价是 2.5 元。根据市场调查，销售量与销售单价满足如下关系：在一段时间内，单价是 13.5 元时，销售量是 500 件；而单价每降低 1 元，就可以多售出 200 件。请你帮助分析，销售单价是多少时，可以获利最多？

 阅读材料

函数的由来

现行数学教科书上使用的"函数"一词是转译词，是我国清代数学家李善兰在翻译《代数学》（1895 年）一书时，把"function"译成函数的。

你知道"函数"是怎样发展来的吗？不如一起回顾一下函数概念的发展史吧！

函数（function）这一名词，是德国的数学家莱布尼茨（Liebniz 1646—1716）17 世纪首先采用的。在最初，莱布尼茨用函数一词表示变量 x 的幂，即 x^2，x^3，…。其后莱布尼茨还用函数一词表示曲线上的横坐标、纵坐标、切线的长度、垂线的长度等所有与曲线上的点有关的量。

与莱布尼茨几乎同时，瑞士数学家雅克·柏努利（Jacques Bernoulli 1645—1705）给出了和莱布尼茨相同的函数定义。1718 年，雅克·柏努利的弟弟约翰·柏努利（Jean Bernoulli 1667—1748）给出了函数的如下定义：由任一变数和常数的任意形式所构成的量叫做这一变数的函数。换句话说定义为：由 x 和常量所构成的任一式子都可称之为关于 x 的函数。

约翰·柏努利的学生瑞士数学家欧拉（Euler 1707—1783），把约翰·柏努利关于函数的定义又推进了一步，使之更加明朗化。1775 年，欧拉把函数定义为："如果某些变量：以某一种方式依赖于另一些变量。即当后面这些变量变化时，前面这些变量也随着变化，这样把前面的变量称为后面变量的函数。"

由此可以看到，由莱布尼兹到欧拉所引入的函数概念，都还是和解析表达式、曲线表达等概念纠缠在一起。

为了适应当时所出现的各种情况，为了适应数学的发展，法国数学家柯西（Cauchy 1789—1857）引入了新的函数定义："在某些变数间存在着一定的关系，当一经给定其中某一变数的值，其他变数的值也可随之而确定时，则将最初的变数称之为'自变数'，其他各变数则称为'函数'。"在柯西的定义中，首先出现了"自变量"一词。

人们不难看出，这一定义和中学课本的定义是很相近的。在这里，函数的概念和曲线、连续、不连续等概念之间的纠缠不清的情况，已经得到了澄清。

但是，柯西的定义总还是考虑到 x，y 之间的关系可用解析式表示。德国数学家黎曼（Riemann 1826—1866）引入了新的定义："对于 x 的每一个值，y 总有完全确定了的值与之对应，而不拘建立 x，y 之间的对应方法如何，均将 y 称为 x 的函数。"

1834 年，俄国数学家罗巴契夫斯基进一步提出函数的定义："x 的函数是这样的一个数，它对于每一个 x 都有确定的值，并且随着 x 一起变化。函数值可以由解析式给出，也可以由一个条件给出，这个条件提供了一种寻求全部对应值的方法。函数的这种依赖关系可以存在，但仍然是未知的"，这个定义指出了对应关系（条件）的必要性，利用这个关系以求出每一个 x 的对应值。

1837 年，德国数学家狄里克雷认为怎样去建立 x 与 y 之间的对应关系是无关紧要的，所以他的定义是："如果对于 x 的每一个值，y 总有一个完全确定的值与之对应，则 y 是 x 的函数。"这个定义抓住了概念的本质属性，变量 y 称为 x 的函数，只需有一个法则存在，使得这个函数取值范围中的每一个值，有一个确定的 y 值和它对应就行了，不管这个法则是公式或图像或表格或其他形式。这个定义比前面的定义带有普遍性，为理论研究和实际应用提供了方便。因此，这个定义曾被比较长期的使用着。

第四章

幂函数、指数函数
与对数函数

幂函数、指数函数和对数函数是数学中非常重要的三类函数，它们在金融学、生物学、社会学和工程技术领域都有着广泛的应用。

本章将在整数指数幂知识的基础上，推广指数的概念，然后学习幂函数、指数函数与对数函数的知识，并通过例子了解它们在实际中的应用。

第一节 ▶ 指 数

一、整数指数幂

1. 正整数指数幂

在初中，一般就学习了正整数指数幂：一个数 a 的 n

次幂等于 n 个 a 的连乘积，即

$$a^n = \underbrace{a \times a \times a \cdots\cdots a}_{n\text{个}}$$

如 $3^4 = 3 \times 3 \times 3 \times 3 = 81$

在 $a^n = N$ 中，a 叫做幂的底数，n 叫做幂的指数。

上面的定义中，n 必须是正整数，所以这样的幂叫做正整数指数幂。由定义容易得出，正整数指数幂的运算法则：

（1）$a^m a^n = a^{m+n}$；

（2）$(a^m)^n = a^{mn}$；

（3）$\dfrac{a^m}{a^n} = a^{m-n}$　$(a \neq 0,\ m > n)$；

（4）$(ab)^m = a^m b^m$；

（5）$\left(\dfrac{a}{b}\right)^n = \dfrac{a^n}{b^n}$　$(b \neq 0)$。

2. 负整数指数幂、零指数幂

在上面的法则（3）中，如果去掉了 $m > n$ 的限制，会怎样？

例如

$$\frac{a^3}{a^3} = a^{3-3} = a^0 \ (a \neq 0)$$

$$\frac{a^3}{a^5} = a^{3-5} = a^{-2} \ (a \neq 0)$$

这些结果都不能用正整数指数幂的定义来解释。但是

大家都知道：

$$\frac{a^3}{a^3}=1(a\neq0);\ \frac{a^3}{a^5}=\frac{a^3}{a^3a^2}=\frac{1}{a^2}(a\neq0)$$

这就启发人们，如果规定

$$a^0=1(a\neq0)$$

$$a^{-2}=\frac{1}{a^2}(a\neq0)$$

则上述运算也就合理了。由此，可以规定

零指数幂 $\qquad a^0=1(a\neq0)$

负整数指数幂 $\qquad a^{-n}=\frac{1}{a^n}(a\neq0)$

这样，就把正整数指数幂推广到整数指数幂。

整数指数幂就有如下运算法则（m，$n\in Z$）：

(1) $a^ma^n=a^{m+n}$；

(2) $(a^m)^n=a^{mn}$；

(3) $\dfrac{a^m}{a^n}=a^{m-n}$ $(a\neq0,\ m>n)$；

(4) $(ab)^m=a^mb^m$；

(5) $\left(\dfrac{a}{b}\right)^n=\dfrac{a^n}{b^n}$ $(b\neq0)$。

例1 计算下列各式的值。

(1) 5^0 (2) $(10)^{-3}$ (3) $(0.2)^{-1}$

(4) $\left(\dfrac{1}{2}\right)^{-4}$

解 (1) $5^0 = 1$

(2) $(10)^{-3} = \dfrac{1}{10^3} = \dfrac{1}{1000} = 0.001$

(3) $(0.2)^{-1} = \left(\dfrac{1}{5}\right)^{-1} = (5^{-1})^{-1} = 5$

(4) $\left(\dfrac{1}{2}\right)^{-4} = (2^{-1})^{-4} = 2^4 = 16$

例2 计算下列各式的值。

(1) $3^{-3} \times 27$ (2) $\left(\dfrac{1}{2}\right)^{-2} \times 2^3$

(3) $5^3 \times \dfrac{1}{5^2}$ (4) $6^{-2} \times 2^3 \times 3^2$

解 (1) $3^{-3} \times 27 = 3^{-3} \times 3^3 = 3^0 = 1$

(2) $\left(\dfrac{1}{2}\right)^{-2} \times 2^3 = (2^{-1})^{-2} \times 2^3 = 2^2 \times 2^3 = 2^5 = 32$

(3) $5^3 \times \dfrac{1}{5^2} = 5^3 \times 5^{-2} = 5$

(4) $6^{-2} \times 2^3 \times 3^2 = (2 \times 3)^{-2} \times 2^3 \times 3^2 = 2^{-2} \times 3^{-2} \times 2^3 \times 3^2 = 2^{-2+3} \times 3^{-2+2} = 2 \times 3^0 = 2$

例3 化简下列各式的值。

(1) $a^{-2} \times \dfrac{1}{a^3} \times a^5 (a \neq 0)$ (2) $(ab)^3 \times \left(\dfrac{a}{b}\right)^2 (b \neq 0)$

解 (1) $a^{-2} \times \dfrac{1}{a^3} \times a^5 = a^{-2} \times a^{-3} \times a^5 = a^{-2-3+5} = a^0 = 1$

(2) $(ab)^3 \times \left(\dfrac{a}{b}\right)^2 = a^3 \times b^3 \times \dfrac{a^2}{b^2} = a^3 \times b^3 \times a^2 \times b^{-2} =$

$a^5 \times b$

 课堂练习

1. 求下列各式的值。

(1) $(-3)^0$ (2) 3^{-3} (3) $\left(\dfrac{1}{2}\right)^0$

(4) 0.3^{-1} (5) $\left(\dfrac{b}{a}\right)^0 (a \neq 0,\ b \neq 0)$

(6) $\left(\dfrac{1}{3}\right)^{-2}$

2. 计算下列各式的值。

(1) $\left(\dfrac{1}{4}\right)^{-2} \times 4^3$ (2) $5^{-3} \times 125$

(3) $7^5 \times \dfrac{1}{7^3}$ (4) $10^{-2} \times 2^3 \times 5^2$

3. 化简下列各式。

(1) $a^{-3} \times \dfrac{1}{a^2} \times a^5 (a \neq 0)$

(2) $\dfrac{1}{b^2} \times b^{-5} \times b^7 (b \neq 0)$

(3) $(ab)^2 \times \dfrac{a^2}{b^5} \times b^4 (b \neq 0)$

$$(4)\ (ab)^{-2}\times\left(\frac{a}{b}\right)^{2}\times b^{4}\,(b\neq0)$$

二、根式与分数指数幂

1. 根式

在初中，一般都学习了方根的概念，可以知道：如果一个数的平方等于 a，那么这个数叫做 a 的平方根；如果一个数的立方等于 a，那么这个数叫做 a 的立方根。

一般地，如果一个数的 n 次方（n 是大于 1 的整数）等于 a，那么这个数叫做 a 的 n 次方根。

也就是，如果 $x^{n}=a$，那么 x 叫做 a 的 n 次方根（n 是大于 1 的整数）。

当 n 是奇数时，正数的 n 次方根是正数，负数的 n 次方根是负数，这时，a 的 n 次方根用符号 $\sqrt[n]{a}$ 表示，例如

$$\sqrt[3]{8}=2,\sqrt[3]{-8}=-2,\sqrt[5]{a^{5}}=a$$

当 n 是偶数时，正数的 n 次方根有两个，它们是互为相反数，这时，正数 a 的正的 n 次方根用符号 $\sqrt[n]{a}$ 表示；正数 a 的负的 n 次方根用符号 $-\sqrt[n]{a}$ 表示，它们可以合并成

$$\pm\sqrt[n]{a}\,(a>0)$$

例如

$$\sqrt{9}=3,-\sqrt{9}=-3,-\sqrt[4]{16}=-2,\sqrt[4]{16}=2$$

9 的 2 次方根可以写成 $\pm\sqrt{9}=\pm3$，16 的 4 次方根可以写成 $\pm\sqrt[4]{16}=\pm2$。

负数没有偶次方根。

0 的任何次方根都是 0。

当 $\sqrt[n]{a}$ 有意义的时候，把式子 $\sqrt[n]{a}$ 叫做根式，n 叫做根指数，a 叫做被开方数。

由 n 次方根的定义可以得出：

$$(\sqrt[n]{a})^{n}=a$$

例如 $(\sqrt{5})^{2}=5$，$(\sqrt[3]{-9})^{3}=-9$，$(\sqrt[5]{-3.5})^{5}=-3.5$。

那么，$\sqrt[n]{a^{n}}=a$ 成立吗？

当 n 是奇数时，$\sqrt[n]{a^{n}}=a$，例如 $\sqrt[3]{8^{3}}=8$，$\sqrt[3]{(-8)^{3}}=-8$。

当 n 是偶数时，$\sqrt[n]{a^{n}}=|a|$。

即 a 是非负数时，有 $\sqrt[n]{a^{n}}=a$，a 是负数时，$\sqrt[n]{a^{n}}=-a$。

例如 $\sqrt{5^{2}}=5$，$\sqrt{(-9)^{2}}=9$，$\sqrt[4]{(-4)^{4}}=4$。

于是归纳如下：

$$\sqrt[n]{a^{n}}=\begin{cases}a\,(n\text{ 为奇数})\\|a|=\begin{cases}a\,(a\geqslant0)\\-a\,(a<0)\end{cases}(n\text{ 为偶数})\end{cases}$$

例 4 求下列各式的值。

(1) $(\sqrt[4]{5})^4$ (2) $(\sqrt[7]{-21})^7$

(3) $\sqrt{7^2}$ (4) $\sqrt{(-10)^2}$

(5) $\sqrt[4]{(-6)^4}$ (6) $\sqrt[3]{2.5^3}$

(7) $\sqrt[5]{(-8)^5}$ (8) $\sqrt[3]{0}$

解 (1) $(\sqrt[4]{5})^4=5$ (2) $(\sqrt[7]{-21})^7=-21$

(3) $\sqrt{7^2}=7$ (4) $\sqrt{(-10)^2}=10$

(5) $\sqrt[4]{(-6)^4}=6$ (6) $\sqrt[3]{2.5^3}=2.5$

(7) $\sqrt[5]{(-8)^5}=-8$ (8) $\sqrt[3]{0}=0$

例 5 化简下列各式。

(1) $(\sqrt[4]{a})^4$ (2) $\sqrt[5]{b^5}$

(3) $\sqrt[4]{b^4}\ (b<0)$ (4) $\sqrt{(\sqrt{2}-\sqrt{3})^2}$

(5) $\sqrt[4]{(3-\pi)^4}$ (6) $\sqrt[4]{(a-b)^4}\ (b<a)$

解 (1) $(\sqrt[4]{a})^4=a$

(2) $\sqrt[5]{b^5}=b$

(3) $\sqrt[4]{b^4}=|b|=-b$

(4) $\sqrt{(\sqrt{2}-\sqrt{3})^2}=|\sqrt{2}-\sqrt{3}|=\sqrt{3}-\sqrt{2}$

(5) $\sqrt[4]{(3-\pi)^4}=|3-\pi|=\pi-3$

(6) $\sqrt[4]{(a-b)^4}=a-b\ (b<a)$

2. 分数指数幂

可以看下面的例子

$$\sqrt[4]{a^8}=a^2=a^{\frac{8}{4}}\,(a>0)$$

$$\sqrt[3]{a^9}=a^3=a^{\frac{9}{3}}\,(a>0)$$

这就是说，当根式的被开方数的指数能被根指数整除时，根式可以写成分数指数幂的形式。

那么，当根式的被开方数的指数不能被根指数整除时，根式还能写成分数指数幂的形式吗？

应用幂的运算法则可知：

$$(a^{\frac{1}{3}})^3=a^{\frac{1}{3}\cdot 3}=a \qquad\qquad (a^{\frac{2}{3}})^3=a^{\frac{2}{3}\cdot 3}=a^2$$

$$(\sqrt[3]{a})^3=a \qquad\qquad [(\sqrt[3]{a})^2]^3=[(\sqrt[3]{a})^3]^2=a^2$$

显然 $a^{\frac{1}{3}}=\sqrt[3]{a}$; $a^{\frac{2}{3}}=\sqrt[3]{a^2}$

于是可以规定正数的正分数指数幂的意义是：

$$a^{\frac{1}{n}}=\sqrt[n]{a}\,(n\in N^+)\,;\; a^{\frac{m}{n}}=\sqrt[n]{a^m}\,(m、n\in N^+ 且 \frac{m}{n} 为既$$

约分数) $\qquad\qquad\qquad\qquad\qquad\qquad\qquad$ (4.1)

规定正数的负分数指数幂的意义：

$$a^{-\frac{m}{n}}=\frac{1}{a^{\frac{m}{n}}}(m、n\in N^+ 且 \frac{m}{n} 为既约分数) \qquad (4.2)$$

这样，就可以把整数指数幂推广到有理指数幂，公式（4.1）与公式（4.2）给出了根式与分数指数幂的互相转化的依据。

注意：0 的正分数指数幂是 0，0 的负分数指数幂无意义。

例 6　用根式表示下列各分数指数幂。

(1) $a^{\frac{2}{3}}$　　　　　　　　　　　(2) $x^{\frac{4}{5}}$

(3) $x^{-\frac{2}{3}}$　　　　　　　　　　(4) $y^{-\frac{1}{2}}$

解 (1) $a^{\frac{2}{3}} = \sqrt[3]{a^2}$　　　　(2) $x^{\frac{4}{5}} = \sqrt[5]{x^4}$

(3) $x^{-\frac{2}{3}} = \dfrac{1}{x^{\frac{2}{3}}} = \dfrac{1}{\sqrt[3]{x^2}}$　　(4) $y^{-\frac{1}{2}} = \dfrac{1}{y^{\frac{1}{2}}} = \dfrac{1}{\sqrt{y}}$

例 7　用分数指数幂表示下列根式（各字母均为正数）。

(1) $\sqrt[3]{\dfrac{3}{4}}$　　　　　　　　　(2) $\sqrt[4]{a}$

(3) $\dfrac{1}{\sqrt[4]{a^3}}$　　　　　　　　(4) $\sqrt[3]{m^2 + n^2}$

解　(1) $\sqrt[3]{\dfrac{3}{4}} = \left(\dfrac{3}{4}\right)^{\frac{1}{3}}$

(2) $\sqrt[4]{a} = a^{\frac{1}{4}}$

(3) $\dfrac{1}{\sqrt[4]{a^3}} = a^{-\frac{3}{4}}$

(4) $\sqrt[3]{m^2 + n^2} = (m^2 + n^2)^{\frac{1}{3}}$

课堂练习

1. 求下列各式的值。

(1) $(\sqrt[6]{7})^6$

(2) $(\sqrt[7]{-2.5})^7$

(3) $\sqrt{4^2}$

(4) $\sqrt{(-16)^2}$

(5) $\sqrt[4]{(-16)^4}$

(6) $\sqrt[3]{\pi^3}$

(7) $\sqrt[5]{(-2)^5}$

(8) $\sqrt[4]{0}$

2. 化简下列格式。

(1) $(\sqrt[4]{m})^4$

(2) $\sqrt[3]{b^3}$

(3) $\sqrt[4]{b^4}\ (b>0)$

(4) $\sqrt{(\sqrt{3}-\sqrt{5})^2}$

(5) $\sqrt[4]{(\pi-5)^4}$

(6) $\sqrt[6]{(a-b)^6}\ (b>a)$

3. 用根式表示下列各式。

(1) $m^{\frac{2}{7}}$

(2) $(xy)^{\frac{4}{5}}$

(3) $a^{-\frac{1}{6}}$

(4) $b^{-\frac{1}{2}}$

4. 用分数指数幂表示下列各式（各字母均为正数）。

(1) $\sqrt[4]{a^3}$

(2) $\dfrac{1}{\sqrt[5]{x^2}}$

(3) $\sqrt[5]{(m-n)^2}\ (m>n)$

(4) $\sqrt[5]{(a+b)^3}$

三、实数指数幂及其运算法则

现在已经将整数指数幂推广到了有理指数幂，有理指

数幂还可推广到实数指数幂。依据整数指数幂运算法则，

可得实数指数幂的运算法则：

(1) $a^{\alpha}a^{\beta}=a^{\alpha+\beta}(a>0,\ \alpha,\ \beta\in R)$；

(2) $(a^{\alpha})^{\beta}=a^{\alpha\beta}(a>0,\ \alpha,\ \beta\in R)$；

(3) $(ab)^{\alpha}=a^{\alpha}b^{\alpha}(a>0,\ b>0,\ \alpha\in R)$。

例8 计算下列各式。

(1) $9^{\frac{1}{2}}$ 　　　　　　　　(2) $27^{-\frac{1}{3}}$

(3) $16^{\frac{3}{4}}$ 　　　　　　　　(4) $\left(\dfrac{9}{4}\right)^{-\frac{1}{2}}$

(5) $2^{-\frac{1}{2}}$ 　　　　　　　　(6) $0^{\frac{5}{6}}$

解 (1) $9^{\frac{1}{2}}=(3^2)^{\frac{1}{2}}=3^{2\times\frac{1}{2}}=3$

(2) $27^{-\frac{1}{3}}=(3^3)^{-\frac{1}{3}}=3^{3\times-\frac{1}{3}}=3^{-1}=\dfrac{1}{3}$

(3) $16^{\frac{3}{4}}=(2^4)^{\frac{3}{4}}=2^3=8$

(4) $\left(\dfrac{9}{4}\right)^{-\frac{1}{2}}=\left[\left(\dfrac{3}{2}\right)^2\right]^{-\frac{1}{2}}=\left(\dfrac{3}{2}\right)^{-1}=\dfrac{2}{3}$

(5) $2^{-\frac{1}{2}}=\dfrac{1}{2^{\frac{1}{2}}}=\dfrac{1}{\sqrt{2}}=\dfrac{\sqrt{2}}{2}$

(6) $0^{\frac{5}{6}}=0$

例9 用分数指数幂表示下列各式（各字母均为正数）。

(1) $a^2\sqrt[4]{a}$ 　　(2) $a\sqrt[3]{a^2}$ 　　(3) $\sqrt{a\sqrt[3]{a^2}}\sqrt[4]{a^3}$

解 (1) $a^2\sqrt[4]{a}=a^2a^{\frac{1}{4}}=a^{2+\frac{1}{4}}=a^{\frac{9}{4}}$

（2）$a\sqrt[3]{a^2}=aa^{\frac{2}{3}}=a^{1+\frac{2}{3}}=a^{\frac{5}{3}}$

（3）$\sqrt{a\sqrt[3]{a^2}\sqrt[4]{a^3}}=(aa^{\frac{2}{3}})^{\frac{1}{2}}a^{\frac{3}{4}}=(a^{\frac{1}{2}}a^{\frac{2}{3}\cdot\frac{1}{2}})a^{\frac{3}{4}}$

$\qquad =(a^{\frac{1}{2}}a^{\frac{1}{3}})a^{\frac{3}{4}}=a^{\frac{1}{2}+\frac{1}{3}+\frac{3}{4}}=a^{\frac{19}{12}}$

例 10 计算下列各式。

（1）$(-9)^{\frac{1}{3}}\left(-\dfrac{8}{9}\right)^{\frac{1}{3}}$

（2）$\left[-\dfrac{1}{3}+\left(\dfrac{3}{2}\right)^{-1}\right]^{\frac{1}{3}}$

（3）$\left(1\dfrac{7}{9}\right)^{\frac{1}{2}}+(-3.6)^0-\left(2\dfrac{10}{27}\right)^{-\frac{2}{3}}$

（4）$(\sqrt[3]{25}-\sqrt{125})\div\sqrt[4]{25}$

解

（1）$(-9)^{\frac{1}{3}}\left(-\dfrac{8}{9}\right)^{\frac{1}{3}}=\left[(-9)\left(-\dfrac{8}{9}\right)\right]^{\frac{1}{3}}=8^{\frac{1}{3}}=(2^3)^{\frac{1}{3}}=2$

（2）$\left[-\dfrac{1}{3}+\left(\dfrac{3}{2}\right)^{-1}\right]^{\frac{1}{2}}=\left[-\dfrac{1}{3}+\dfrac{1}{\left(\dfrac{3}{2}\right)}\right]^{\frac{1}{2}}=\left[-\dfrac{1}{3}+\dfrac{2}{3}\right]^{\frac{1}{2}}$

$\qquad =\left(\dfrac{1}{3}\right)^{\frac{1}{2}}=\dfrac{1}{3^{\frac{1}{2}}}=\dfrac{1}{\sqrt{3}}=\dfrac{\sqrt{3}}{3}$

（3）$\left(1\dfrac{7}{9}\right)^{\frac{1}{2}}+(-3.6)^0-\left(2\dfrac{10}{27}\right)^{-\frac{2}{3}}=\left(\dfrac{16}{9}\right)^{\frac{1}{2}}+1-\left(\dfrac{64}{27}\right)^{-\frac{2}{3}}$

$\qquad =\left[\left(\dfrac{4}{3}\right)^2\right]^{\frac{1}{2}}+1-\left[\left(\dfrac{4}{3}\right)^3\right]^{-\frac{2}{3}}=\dfrac{4}{3}+1-\left(\dfrac{4}{3}\right)^{-2}$

$\qquad =\dfrac{7}{3}-\left(\dfrac{3}{4}\right)^2=\dfrac{85}{48}$

(4) $(\sqrt[3]{25}-\sqrt{125})\div\sqrt[4]{25}=(5^{\frac{2}{3}}-5^{\frac{3}{2}})\div5^{\frac{1}{2}}$

$$=5^{\frac{2}{3}-\frac{1}{2}}-5^{\frac{3}{2}-\frac{1}{2}}=5^{\frac{1}{6}}-5=\sqrt[6]{5}-5$$

例 11 化简下列各式。

(1) $a^{\frac{1}{3}}\times a^{\frac{5}{6}}\div a^{-\frac{1}{2}}$ (2) $\sqrt[6]{\left(\dfrac{8a^3}{125b^3}\right)^4}$

(3) $\sqrt{\dfrac{x}{y}}\sqrt[3]{\dfrac{27y^2}{x}}$。

解 (1) $a^{\frac{1}{3}}\times a^{\frac{5}{6}}\div a^{-\frac{1}{2}}=a^{\left[\frac{1}{3}+\frac{5}{6}-\left(-\frac{1}{2}\right)\right]}=a^{\frac{5}{3}}$;

(2) $\sqrt[6]{\left(\dfrac{8a^3}{125b^3}\right)^4}=\left(\dfrac{8a^3}{125b^3}\right)^{\frac{2}{3}}=\left[\dfrac{(2a)^3}{(5b)^3}\right]^{\frac{2}{3}}=\left(\dfrac{2a}{5b}\right)^2=\dfrac{4a^2}{25b^2}$

(3) $\sqrt{\dfrac{x}{y}}\sqrt[3]{\dfrac{27y^2}{x}}=\left(\dfrac{x}{y}\right)^{\frac{1}{2}}\left(\dfrac{27y^2}{x}\right)^{\frac{1}{3}}$

$$=x^{\frac{1}{2}}y^{-\frac{1}{2}}\times27^{\frac{1}{3}}y^{\frac{2}{3}}x^{-\frac{1}{3}}$$

$$=(3^3)^{\frac{1}{3}}x^{\frac{1}{2}-\frac{1}{3}}y^{-\frac{1}{2}+\frac{2}{3}}=3x^{\frac{1}{6}}y^{\frac{1}{6}}=3\sqrt[6]{xy}$$

说明：计算含有根式的代数式时，通常是利用分数指数幂进行计算。计算的结果中，如果含有分数指数幂，一般是把分数指数幂化成根式，而且是最简根式，即要求 $\sqrt[n]{a^m}$ 中，$m<n$。

 课堂练习

1. 求下列各式的值。

(1) $16^{\frac{1}{2}}$ (2) $16^{-\frac{1}{4}}$ (3) $27^{\frac{2}{3}}$

(4) $\left(\dfrac{9}{16}\right)^{-\frac{1}{2}}$ (5) $5^{-\frac{1}{2}}$ (6) $0^{\frac{3}{8}}$

2. 用分数指数幂表示下列各式（各字母均为正数）。

(1) $x^2 \sqrt[3]{x}$ (2) $\sqrt{a \sqrt[3]{a^2} \sqrt[4]{a^3}}$

(3) $a \sqrt{a \sqrt{a \sqrt{a}}}$

3. 计算下列各式。

(1) $5^{\frac{1}{3}} \left(\dfrac{27}{5}\right)^{\frac{1}{3}}$ (2) $\left[\dfrac{7}{4} + \left(\dfrac{2}{3}\right)^{-2}\right]^{\frac{1}{3}}$

(3) $\left(\dfrac{4}{9}\right)^{\frac{1}{2}} + (-6.8)^0 - \left(\dfrac{27}{8}\right)^{-\frac{1}{3}}$ (4) $(\sqrt[3]{4} - \sqrt{8}) \div \sqrt[4]{2}$

4. 化简下列各式。

(1) $a^{-\frac{1}{3}} \times a^3 \div a^{\frac{2}{3}}$ (2) $(m^{\frac{1}{4}} n^{-\frac{3}{8}})^8$

(3) $\sqrt[4]{\left(\dfrac{16a^4}{81b^{-4}}\right)^3}$ (4) $\dfrac{\sqrt[3]{a^2 b} \sqrt[5]{a^4 b^3}}{\sqrt[5]{ab^2}}$

(5) $\sqrt[3]{\dfrac{x}{y} \sqrt{\dfrac{4y^3}{x^5}}}$ (6) $(a^2 - 2 + a^{-2}) \div (a^2 - a^{-2})$

习题一

1. 计算下列各式的值。

(1) $(-3.5)^0$ (2) 3^{-1}

(3) $\left(\dfrac{1}{5}\right)^0$ (4) $\left(\dfrac{1}{3}\right)^{-2}$

(5) $\left(\dfrac{1}{a}\right)^0 \ (a \neq 0)$ (6) $2^{-3} \times 16$

(7) $5^7 \times \dfrac{1}{5^5}$ (8) $12^{-2} \times 2^3 \times 3^2$

2. 化简下列各式。

(1) $a^{-1} \dfrac{1}{a^4} a^6 \ (a \neq 0)$

(2) $\dfrac{1}{x^3 y} x^5 y^2 \ (x \neq 0,\ y \neq 0)$

(3) $(ab)^3 \dfrac{a^2}{b^3} b^{-2} \ (b \neq 0)$

(4) $(ab)^{-2} \left(\dfrac{b}{a}\right)^2 a^4 \ (a \neq 0,\ b \neq 0)$

3. 求下列各式的值。

(1) $(\sqrt{3})^2$ (2) $(\sqrt[7]{-5.5})^7$

(3) $\sqrt{10^2}$ (4) $\sqrt{(-10)^2}$

(5) $\sqrt[3]{(\pi - 4)^3}$ (6) $\sqrt[4]{0}$

4. 用根式表示下列各式。

(1) $a^{\frac{2}{5}}$ (2) $b^{-\frac{1}{4}}$

(3) $(a+b)^{\frac{1}{6}}$ (4) $(mn)^{\frac{4}{3}}$

5. 用分数指数幂表示下列各式（各字母均为正数）。

(1) $\sqrt{a^5}$　　　　　　　(2) $\dfrac{1}{\sqrt[5]{x}}$

(3) $\sqrt[5]{(m-n)^4}$　$(m>n)$

(4) $\sqrt[5]{(a^2+b^2)^2}$

6. 求下列各式的值。

(1) $0^{\frac{5}{2}}$　　　　　　　(2) $32^{-\frac{1}{5}}$

(3) $81^{\frac{1}{4}}$　　　　　　　(4) $\left(\dfrac{25}{49}\right)^{-\frac{1}{2}}$

7. 用分数指数幂表示下列各式（各字母均为正数）。

(1) $x^{-2}\sqrt[3]{x^2}$　　　　　(2) $\sqrt{a^2\sqrt[3]{a^2}}\sqrt{a^3}$

(3) $x\sqrt{x\sqrt{x\sqrt{x}}}$

8. 计算下列各式。

(1) $\left(\dfrac{5}{3}\right)^{\frac{1}{3}}\left(\dfrac{81}{5}\right)^{\frac{1}{3}}$　　　(2) $\left[\dfrac{7}{25}+\left(\dfrac{5}{3}\right)^{-2}\right]^{\frac{1}{2}}$

(3) $(-3.9)^0+9^{\frac{1}{2}}-\left(\dfrac{27}{125}\right)^{-\frac{1}{3}}$

(4) $(\sqrt[3]{10}+\sqrt{10})\div\sqrt[4]{10}$

9. 化简下列各式。

(1) $a^{\frac{1}{3}}\div a^3\times a^{\frac{2}{3}}$　　　(2) $(m^9n^{-6})^{-\frac{2}{3}}$

(3) $\sqrt[3]{\left(\dfrac{16a^4}{ab^8}\right)^2}$　　　(4) $\dfrac{\sqrt[4]{ab}\sqrt[5]{a^2b^4}}{\sqrt[3]{ab^2}}$

(5) $\sqrt[3]{\dfrac{x^2}{y^5}}\sqrt{9x^5y^3}$

(6) $(2a^{\frac{1}{2}}+3b^{-\frac{1}{2}})(2a^{\frac{1}{2}}-3b^{-\frac{1}{2}})$

第二节 ▶ 幂 函 数

一、幂函数的概念

问题1：如果正方形的边长为 a，那么正方形的面积 S 和边长 a 之间的关系为 $S=a^2$；

问题2：如果某人 t 秒内骑车行进了1 km，那么他骑车的速度 v 和时间 t 之间的关系 $v=\dfrac{1}{t}=t^{-1}(km/s)$。

以上问题是一般生活中经常遇到的几个数学模型，并能发现以上几个函数解析式具有共同的特点：解析式右边都是指数式，且底数都是变量。这只是日常生活中常用到的一类函数的几个具体代表，这类函数就是现在即将学习的幂函数。

定义 一般地，可以把形如 $y=x^\alpha$ 的函数叫做幂函数。其中 x 是自变量，α 是常数。

例1 判断下列函数哪个是幂函数

(1) $y=x^4$ (2) $y=x^{\frac{1}{2}}$

(3) $y=2x$ (4) $y=2x^2$

(5) $y = x^3 + 2$

解 (1)、(2) 为幂函数 (3)、(4)、(5) 不是幂函数。

例 2 求下列函数的定义域。

(1) $y = x^{\frac{1}{2}}$　　　　(2) $y = x^{\frac{1}{3}}$

(3) $y = x^{-2}$

解 (1) $y = x^{\frac{1}{2}} = \sqrt{x}$，函数解析式为二次根式，被开方式为非负数，所以函数的定义域为 $[0, +\infty)$；

(2) $y = x^{\frac{1}{3}} = \sqrt[3]{x}$，函数解析式为三次根式，被开方式为任意实数，所以函数的定义域为 R；

(3) $y = x^{-2} = \dfrac{1}{x^2}$，函数解析式的分母不能为 0，所以函数的定义域为 $(-\infty, 0) \cup (0, +\infty)$。

 课堂练习

1. 判断下列函数哪个是幂函数。

(1) $y = x^{\frac{4}{5}}$　　　　(2) $s = \sqrt[3]{t}$

(3) $u = v^5$　　　　(4) $y = 2x^5$

(5) $y = x^2 + 5x$

2. 求下列函数的定义域。

（1）$y=(2x-1)^{\frac{1}{3}}$　　　　（2）$y=x^{-3}$

（3）$y=(x-4)^{\frac{1}{2}}$　　　　（4）$y=\dfrac{1}{\sqrt{x-4}}$

3. 幂函数 $f(x)$ 的图像过点 $(3,\sqrt[4]{27})$，则 $f(x)$ 的解析式是_____。

二、幂函数的图像和性质

幂函数的图像和性质与指数 α 的值密切相关。下面可以取 $\alpha=1$、2、3、$\dfrac{1}{2}$、-1 分别作出它们的图形，通过观察讨论，得出幂函数的共同性质。

在同一平面直角坐标系内作出下列幂函数的图像。

$y=x$，$y=x^{2}$，$y=x^{3}$，$y=x^{\frac{1}{2}}$，$y=x^{-1}$。

如图 4-1 所示，对于函数 $y=x$，由图像可知：定义域 R，值域 R，函数图像关于坐标原点对称，为定义域上的奇函数，函数图像从左向右看是上升的，为定义域上的增函数。

对于函数 $y=x^{2}$，由图像可知：定义域 R，值域 $[0,+\infty)$，函数图像关于 y 轴对称，为定义域上的偶函数，函数图像在 y 轴左侧部分从左向右看是下降的，为 $(-\infty,0]$ 上的减函数，函数图像在 y 轴右侧部分从左向

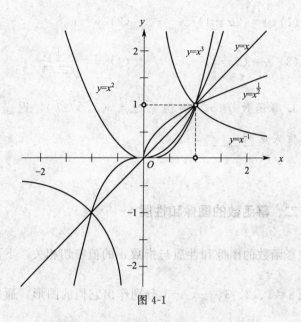

图 4-1

右看是上升的，为 $[0，+\infty)$ 上的增函数。

对于函数 $y=x^3$，由图像可知：定义域 R，值域 R，函数图像关于坐标原点对称，为定义域上的奇函数，函数图像从左向右看是上升的，为定义域上的增函数。

对于函数 $y=x^{\frac{1}{2}}=\sqrt{x}$，由图像可知：定义域 $[0，+\infty)$，值域 $[0，+\infty)$，函数图像既不关于坐标原点对称又不关于 y 轴对称，为定义域上的非奇非偶函数，函数图像从左向右看是上升的，为 $[0，+\infty)$ 上的增函数。

对于函数 $y=x^{-1}=\dfrac{1}{x}$ ，由图像可知：定义域

$(-\infty,0) \bigcup (0,+\infty)$，值域 $(-\infty,0) \bigcup (0,+\infty)$，函数图像关于坐标原点对称，为定义域上的奇函数，函数图像在 y 轴左侧部分从左向右看是下降的，为 $(-\infty,0)$ 上的减函数，函数图像在 y 轴右侧部分从左向右看也是下降的，为 $(0,+\infty)$ 上的减函数。

综上分析可知：当 $\alpha>0$ 时，在 $(0,+\infty)$ 上，幂函数图像从左向右看是上升的，$y=x^\alpha$ 为 $(0,+\infty)$ 上的增函数；当 $\alpha<0$ 时，在 $(0,+\infty)$ 上，幂函数图像从左向右看是下降的，$y=x^\alpha$ 为 $(0,+\infty)$ 上的减函数。

例 3　判断下列函数在 $(0,+\infty)$ 上的单调性。

(1) $y=x^{-\frac{3}{2}}$　　　　(2) $y=x^{-2}$

(3) $y=x^{\frac{5}{3}}$

解　(1) $y=x^{-\frac{3}{2}}$ 的指数 $\alpha=-\frac{3}{2}<0$，所以为 $(0,+\infty)$ 上的减函数；

(2) $y=x^{-2}$ 的指数 $\alpha=-2<0$，所以为 $(0,+\infty)$ 上的减函数；

(3) $y=x^{\frac{5}{3}}$ 的指数 $\alpha=\frac{5}{3}>0$，所以为 $(0,+\infty)$ 上的增函数。

例 4　比较下列各组数的大小。

(1) $1.5^{\frac{1}{3}}$ 和 $1.7^{\frac{1}{3}}$　　　　(2) $3^{-\frac{5}{2}}$ 和 $3.1^{-\frac{5}{2}}$

解 （1）因为 $y = x^{\frac{1}{3}}$ 为 $(0, +\infty)$ 上的增函数，$1.5^{\frac{1}{3}}$ 和 $1.7^{\frac{1}{3}}$ 可以看做 $y = x^{\frac{1}{3}}$ 当 $x = 1.5$ 和 $x = 1.7$ 时的函数值，而 $1.5 < 1.7$，所以 $1.5^{\frac{1}{3}} < 1.7^{\frac{1}{3}}$；

（2）因为 $y = x^{-\frac{5}{2}}$ 为 $(0, +\infty)$ 上的减函数，$3^{-\frac{5}{2}}$ 和 $3.1^{-\frac{5}{2}}$ 可以看做 $y = x^{-\frac{5}{2}}$ 当 $x = 3$ 和 $x = 3.1$ 时的函数值，而 $3 < 3.1$，所以 $3^{-\frac{5}{2}} > 3.1^{-\frac{5}{2}}$。

 课堂练习

1．作出幂函数 $y = x^{-2}$ 的图像，并写出其性质。

2．判断下列函数在 $(0, +\infty)$ 上的单调性。

（1） $y = x^{\frac{3}{4}}$　　（2） $y = x^{-3}$　　（3） $y = x^{-\frac{2}{3}}$

（4） $y = \sqrt{x^3}$

3．比较下列各组数的大小。

（1） $0.19^{0.4}$ 和 $0.18^{0.4}$　　（2） $2.3^{-1.1}$ 和 $2.5^{-1.1}$

（3） $\left(-\dfrac{2}{3}\right)^{-\frac{2}{3}}$ 和 $\left(-\dfrac{3}{5}\right)^{-\frac{2}{3}}$

习题二

一、选择题

1．下列所给出的函数中，是幂函数的是（　　）。

A. $y = -x^3$　　　　　　B. $y = x^{-3}$

C. $y = 2x^3$　　　　　　D. $y = x^3 - 1$

2. 下列函数中既是偶函数又是（$-\infty$，0）上是增函数的是（　　）。

A. $y = x^{\frac{4}{3}}$　　B. $y = x^{\frac{3}{2}}$　　C. $y = x^{-2}$　　D. $y = x^{-\frac{1}{4}}$

3. 函数 $y = x^{\frac{4}{3}}$ 的图像是（　　）。

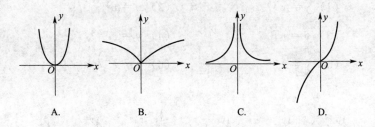

A.　　　　　　B.　　　　　　C.　　　　　　D.

4. 下列命题中正确的是（　　）。

A. 当 $\alpha = 0$ 时，函数 $y = x^{\alpha}$ 的图像是一条直线

B. 幂函数的图像都经过（1，1）点

C. 若幂函数 $y = x^{\alpha}$ 是奇函数，则 $y = x^{\alpha}$ 是定义域上的增函数

D. 幂函数的图像可能出现在第四象限

二、填空题

1. 函数 $y = x^{-\frac{3}{2}}$ 的定义域是_____。

2. 函数 $y = x^{-1}$ 在区间 $\left[\dfrac{1}{2}, 2\right]$ 上的最大值是

_____。

三、解答题

1. 比较下列各组中两个值大小。

(1) $0.6^{\frac{6}{11}}$ 与 $0.7^{\frac{6}{11}}$;

(2) $(-0.88)^{\frac{5}{3}}$ 与 $(-0.89)^{\frac{5}{3}}$

2. 下面六个幂函数的图像如下图所示, 试建立函数与图像之间的对应关系。

(1) $y = x^{\frac{3}{2}}$ (2) $y = x^{\frac{1}{3}}$

(3) $y = x^{\frac{2}{3}}$ (4) $y = x^{-2}$

(5) $y = x^{-3}$ (6) $y = x^{-\frac{1}{2}}$

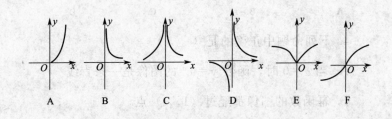

第三节 ▸▸ 指 数 函 数

一、指数函数的概念

可以先看下面的实例:

在研究细胞分裂时, 若 1 个细胞 1 次分裂成 2 个, 2 次分裂成 4 个——如此分裂下去, 当 1 个细胞分裂 x 次后,

那么细胞个数 y 与分裂次数 x 之间的函数关系式为 $y=2^x$。

从上述计算细胞个数 y 时，可以看到一个幂的底数是个常数，然而指数在变化，从而幂也跟着发生变化，这促使人们去研究像 $y=2^x$ 这样的函数。

一般地，设 $a>0$ 且 $a\neq 1$，形如 $y=a^x$ 的函数称为指数函数。

由实数指数幂的运算性质可知：当 $a>0$ 时，对于每一个实数 x 的值，都有唯一确定的实数值 a^x 与它对应，因此，指数函数 $y=a^x$ 的定义域是实数集 R。

例1 下列函数是指数函数的有哪些？

（1） $y=3^x$ （2） $y=\left(\dfrac{1}{10}\right)^x$

（3） $y=x^5$ （4） $y=x^{\frac{1}{3}}$

解：（1）和（2）是指数函数，（3）和（4）不是。

例2 已知指数函数 $y=a^x$ 的图像过点（2，16），求函数的表达式。

解 把 $x=2$，$y=16$ 代入 $y=a^x$ 得，$a=4$，所以函数表达式为 $y=4^x$。

 **课堂练习**

1. 下列函数哪些是指数函数，哪些是幂函数？

（1）$y = 3^x$　　　　　　　（2）$y = \left(\dfrac{1}{10}\right)^x$

（3）$y = x^6$　　　　　　　（4）$y = x^{\frac{2}{3}}$

2. 已知指数函数 $y = a^x$ 的图像过点（－2，9），求函数的表达式。

二、指数函数的图像和性质

下面来研究指数函数 $y = a^x (a > 0，a \neq 1)$ 的图像和性质，由于 a 的取值范围可以分为 $0 < a < 1$ 和 $a > 1$ 两部分，故分别以底数 $a = 2$ 和 $a = \dfrac{1}{2}$ 为例进行讨论。

为了便于研究，可以在同一个平面直角坐标系中用描点法画出函数 $y = 2^x$ 和 $y = \left(\dfrac{1}{2}\right)^x$ 的图像。

列表：

x	⋯	-3	-2	-1	$-\dfrac{1}{2}$	0	$\dfrac{1}{2}$	1	2	3	⋯
$y = 2^x$	⋯	$\dfrac{1}{8}$	$\dfrac{1}{4}$	$\dfrac{1}{2}$	0.71	1	1.41	2	4	8	⋯
$y = \left(\dfrac{1}{2}\right)^x$	⋯	8	4	2	1.41	1	0.71	$\dfrac{1}{2}$	$\dfrac{1}{4}$	$\dfrac{1}{8}$	⋯

描点：以 x 的值为横坐标，以 y 的值为纵坐标在平面直角坐标系下描点；

连线：用平滑的曲线连接各点所得两个函数图像如下。

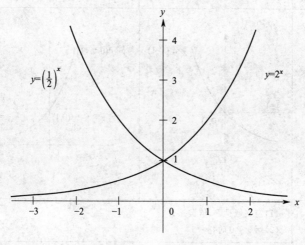

图 4-2 指数函数

从图 4-2 上可以看出，函数 $y=2^x$ 和 $y=\left(\dfrac{1}{2}\right)^x$ 的图像有下列特点：

（1）图像都在 x 轴的上方；

（2）图像都过（0,1）点；

（3）$y=2x$ 图像从左向右看逐渐上升，$y=\left(\dfrac{1}{2}\right)^x$ 图像从左向右看逐渐下降。

一般地，指数函数 $y=a^x$ 在底数 $0<a<1$ 和 $a>1$ 这两种情况下的图像和性质如下表所示。

项目	$y=a^x$	
	$a>1$	$0<a<1$
图像		
性质	(1)定义域是 R,值域是 R^+ (2)当 $x=0$ 时,$y=1$	
	当 $x>0$ 时,$y>1$ 当 $x<0$ 时,$0<y<1$	当 $x>0$ 时,$0<y<1$ 当 $x<0$ 时,$y>1$
	在 $(-\infty,+\infty)$ 内是增函数	在 $(-\infty,+\infty)$ 内是减函数

例 3 指出下列函数在 $(-\infty,+\infty)$ 上是增函数还是减函数?

(1) $y=3^x$ (2) $y=\left(\dfrac{1}{10}\right)^x$

解 (1) 因为 $3>1$,所以函数 $y=3^x$ 是增函数;

(2) 因为 $\dfrac{1}{10}<1$,所以函数 $y=\left(\dfrac{1}{10}\right)^x$ 是减函数。

例 4 利用指数函数的性质比较下列各题中两个实数

的大小。

(1) $2^{4.5}$ 与 $2^{4.9}$　　　　(2) $\left(\dfrac{1}{3}\right)^{-4}$ 与 $\left(\dfrac{1}{3}\right)^{-5}$

解　(1) 指数函数 $y=2^x$，因为 $a=2>1$ 它是增函数，且 $4.5<4.9$，所以　$2^{4.5}<2^{4.9}$；

(2) 指数函数 $y=\left(\dfrac{1}{3}\right)^x$，因为 $0<a=\dfrac{1}{3}<1$ 它是减函数，且 $-4>-5$，所以　$\left(\dfrac{1}{3}\right)^{-4}>\left(\dfrac{1}{3}\right)^{-5}$。

 课堂练习

1. 求指数函数 $y=e^x$ 的定义域，并用描点法作 $y=e^x$ 的图像指出其性质。

2. 指出下列函数在 $(-\infty,+\infty)$ 上是增函数还是减函数？

(1) $y=\left(\dfrac{3}{4}\right)^x$　　　　(2) $y=\left(\dfrac{4}{3}\right)^x$

3. 比较下列各题中两个实数的大小。

(1) $2^{4.5}$ 与 $2^{4.9}$　　　　(2) $\left(\dfrac{1}{3}\right)^{-4}$ 与 $\left(\dfrac{1}{3}\right)^{-5}$

(3) $3^{0.8}$ 与 $3^{0.7}$　　　　(4) $0.75^{-0.1}$ 与 $0.75^{0.1}$

三、指数函数的应用

利用指数函数的性质，不但可以比较两个数值的大小，还可以解决有关指数型数值的实际问题。

例 5　某城市现有人口 100 万，根据最近 20 年的统计资料，这个城市的人口的年自然增长率为 1.2%，按这个增长率计算：

（1）10 年后这个城市的人口预计有多少万？

（2）20 年后这个城市的人口预计有多少万？

（3）在今后 20 年内，前 10 年与后 10 年分别增加了多少万人？

解　按年自然增长率 1.2% 计算，1 年后该城市的人口总数为：

$$100+100\times1.2\%=100\times(1+1.2\%)=100\times1.012（万）。$$

2 年后该城市的人口总数为

$$100\times1.012+100\times1.012\times1.2\%=100\times1.012^2（万）。$$

从而 10 年后该城市的人口总数为

$$100\times1.012^{10}\approx112.67（万）。$$

20 年后该城市的人口总数为

$$100\times1.012^{20}\approx126.94（万）。$$

则前 10 年增加人口数为 112.67−100=12.6（万）。

后 10 年增加人口数为 126.94−112.67=14.27（万）。

例6 小王于 2015 年 6 月 7 日存入银行 5000 元人民币，整存整取一年期的年利率为 2.25%，利息的税率为 20%。他按照一年期存入银行。

(1) 如果一年后到期日（以后均指到期日，不再每次写出）取出，那么连本带息（指税后利息，以后同此约定）共有多少元？

(2) 如果一年后连本带息转存，第二年后再取出，那么连本带息共有多少元？

(3) 如果银行有到期自动转存业务，第三年后才取出，那么连本带息共有多少元？

解 (1) 一年后取出，那么连本带息共有

$$5000 + 5000 \times 2.25\% \times (1 - 20\%)$$
$$= 5000 \times (1 + 2.25\% \times 80\%)$$
$$= 5000 \times 1.018(元)$$

(2) 如果一年后连本带息转存，第二年后再取出，则连本带息共有

$$5000 \times 1.018 + 5000 \times 1.018 \times 2.25\% \times 80\%$$
$$= 5000 \times 1.018 \times (1 + 2.25\% \times 80\%)$$
$$= 5000 \times 1.018^2(元)$$

(3) 如果银行有到期自动转存业务，第三年后才取出，则连本带息共有

$$5000 \times 1.018^2 + 5000 \times 1.018^2 \times 2.25\% \times 80\%$$

$$=5000\times1.018^2\times(1+2.25\%\times80\%)$$
$$=5000\times1.018^3(元)$$

 课堂练习

1. 统计资料显示，2010 年甲、乙两个国家的人口数量分别为 75967 千人和 79832 千人，人口年增长率分别为 2% 和 1.4%，假设两国的人口增长率不变。

（1）试建立这两个国家的人口增长模型的数学解析式；

（2）作两国的人口增长曲线图，根据图像你能做出怎样的预测？

2. 某种储蓄按复利计算，若本金为 a 元，每期利率为 r，设存期为 x，本利和为 y 元。已知 $1.0225^5=1.1176$。

（1）写出本利和 y 随期数 x 变化的函数关系式；

（2）如果存入 10000 元，年利率 2.25%，试计算 5 年后的本利和。

习题三

一、选择题

1. $\left(\sqrt[3]{a^2}\right)^3$ 等于（　　）。

A. a^{16} B. a^8 C. a^4 D. a^2

2. 函数 $f(x)=(a^2-1)^x$ 在 R 上是减函数，则 a 的取值范围是（   ）。

A. $|a|>1$ B. $|a|<2$

C. $a<\sqrt{2}$ D. $1<|a|<\sqrt{2}$

3. 下列函数中，图像与函数 $y=4^x$ 的图像关于 y 轴对称的是（   ）。

A. $y=-4^x$ B. $y=4^{-x}$

C. $y=-4^{-x}$ D. $y=4^x+4^{-x}$

4. 下列函数式中，满足 $f(x+1)=\dfrac{1}{2}f(x)$ 的是（   ）。

A. $\dfrac{1}{2}(x+1)$ B. $x+\dfrac{1}{4}$

C. 2^x D. 2^{-x}

5. 函数 $f(x)=3^x+5$，则 $f^{-1}(x)$ 的定义域是（   ）。

A. $(0,+\infty)$ B. $(5,+\infty)$

C. $(6,+\infty)$ D. $(-\infty,+\infty)$

6. 已知 $0<a<1$，$b<-1$，则函数 $y=a^x+b$ 的图像必定不经过（   ）。

A. 第一象限   B. 第二象限

C. 第三象限   D. 第四象限

二、填空题

1. 若 $10^x = 3$，$10^y = 4$，则 $10^{x-y} = $ _____。

2. $\left[\left(-\dfrac{1}{2}\right)^3\right]^{-8} \times (-4)^{-15} \times \left(\dfrac{1}{8}\right)^{-2} = $ _____。

3. 函数 $f(x) = a^{x-1} - 1$（$a > 0$，$a \neq 1$）的图像恒过定点_____。

4. 一批设备价值 a 万元，由于使用磨损，每年比上一年价值降低 $b\%$，则 n 年后这批设备的价值为_____。

三、解答题

1. （1）计算：$\left(\dfrac{1}{4}\right)^{-2} + \left[\dfrac{1}{6\sqrt{2}}\right]^0 - 27^{\frac{1}{3}}$

（2）化简：$\left(a^{\frac{1}{2}} \cdot \sqrt[3]{b^2}\right)^{-3} \div \sqrt{b^{-4}\sqrt{a^{-2}}}$

2. 比较下列两组指数型数值的大小。

（1）$0.2^{\frac{3}{4}}$ 与 $0.2^{\frac{1}{4}}$ （2）10^{-3} 与 $10^{-3.2}$

3. 设 $0 < a < 1$，解关于 x 的不等式 $a^{2x^2-3x+1} > a^{x^2+2x-5}$。

4. 某种放射性物质每经过一年剩余质量约为原来的 84%。假设这种物质初始质量为 1。

（1）写出该物质剩余量关于经过年数的函数关系式；

（2）作出上述函数图像；

（3）结合图像，大约经过多少年剩余质量是原来的一半？

第四节 ▶ 对　　数

一、对数的概念

1. 对数的定义

如果提出问题，2 的多少次幂等于 8，你会很快答出 2 的 3 次幂等于 8，即 $2^3 = 8$。也就是说，知道了底和幂，可以求指数。

如果提出问题，2 的多少次幂等于 98，你还会很快答出吗？恐怕就束手无策了。为了解决这类问题，这里引进一个新的概念——对数。

可以把式子 $a^b = N$ 叫做指数式，并且规定 $a > 0$ 且 $a \neq 1$，其中 a 叫做幂的底数，N 叫做幂，b 叫做幂的指数。

一般地，在指数式 $a^b = N$（$a > 0$ 且 $a \neq 1$）中，称 b 为以 a 为底 N 的对数，并且把 b 记为 $\log_a^N$，即

$$\log_a^N = b$$

其中 a 称为对数的底数（简称底），N 称为对数的真数（简称真数）。

这里把式子 $\log_a^N = b$ 叫做对数式。

当 $a > 0$ 且 $a \neq 1$，$N > 0$ 时，指数式与对数式中字母

对应关系:

$$a^b = N \Leftrightarrow b = \log_a N$$

例 1 把下列指数式写成对数式。

(1) $3^2 = 9$　　　　(2) $2^{-3} = \dfrac{1}{8}$

(3) $9^{-\frac{1}{2}} = \dfrac{1}{3}$　·　(4) $\left(\dfrac{1}{3}\right)^b = 27$

解　(1) $3^2 = 9$ 写成对数式 $\log_3 9 = 2$

(2) $2^{-3} = \dfrac{1}{8}$ 写成对数式 $\log_2 \dfrac{1}{8} = -3$

(3) $9^{-\frac{1}{2}} = \dfrac{1}{3}$ 写成对数式 $\log_9 \dfrac{1}{3} = -\dfrac{1}{2}$

(4) $\left(\dfrac{1}{3}\right)^b = 27$ 写成对数式 $\log_{\frac{1}{3}} 27 = b$

例 2　把下列对数式写成指数式。

(1) $\log_{10} 1000 = 3$　　(2) $\log_{\frac{1}{2}} 8 = -3$

(3) $\log_8 4 = \dfrac{2}{3}$　　　　(4) $\log_7 N = 3$

解　(1) $\log_{10} 1000 = 3$ 写成指数式 $10^3 = 1000$

(2) $\log_{\frac{1}{2}} 8 = -3$ 写成指数式 $\left(\dfrac{1}{2}\right)^{-3} = 8$

(3) $\log_8 4 = \dfrac{2}{3}$ 写成指数式 $8^{\frac{2}{3}} = 4$

(4) $\log_7 N = 3$ 写成指数式 $7^3 = N$

根据对数的定义，很容易得出如下对数的性质：

(1) 1 的对数等于 0　即　$\log_a 1 = 0$（$a > 0$ 且 $a \neq 1$）（因为 $a^0 = 1$）；

(2) 底数的对数等于 1　即　$\log_a a = 1$（$a > 0$ 且 $a \neq 1$）（因为 $a^1 = a$）；

(3) 零和负数没有对数，即真数大于 0（因为 $a > 0$ 时，都有 $a^b = N > 0$）。

例 3　计算 $\log_3 3 - \log_2 16 + \log_{\frac{1}{3}} 1$。

解　$\log_3 3 - \log_2 16 + \log_{\frac{1}{3}} 1 = 1 - \log_2 2^4 + 0$

$$= 1 - 4 + 0 = -3$$

例 4　求下列各式中的 x。

(1) $2^3 = x$　　(2) $x^2 = 4$　　(3) $2^x = 16$

解　(1) 由 $2^3 = x$ 求得 $x = 8$

(2) 由 $x^2 = 4$ 求得 $x = \pm 2$

(3) 由 $2^x = 16$ 求得 $x = \log_2 16 = \log_2 2^4 = 4$

说明：在 $a^b = N$ 中，（1）已知 a、b，求 N 用乘方运算；

(2) 已知 b、N，求 a 用开方运算；

(3) 已知 a、N，求 b 用对数运算。

2. 常用对数与自然对数

常用对数：一般将以 10 为底的对数称为常用对数，通常把 $\log_{10} N = b$ 简记为 $\lg N = b$，如 $\log_{10} 2 = b$ 简记为

lg2＝b。

自然对数：通常将以无理数 e（e＝2.71828…，在科学研究和工程计算中经常被使用）为底的对数称为自然对数，通常把$\log_e N = b$简记为$\ln N = b$，如$\log_e 2 = b$简记为$\ln 2 = b$。

例 5 求 lg10000 与 ln1 的值。

解 ∵ $10^4 = 10000$ ∴lg10000＝4

    ∵ $e^0 = 1$ ∴ln1＝0

3. 对数恒等式

根据对数的定义，在 $a > 0$ 且 $a \neq 1$ 时，如果 $a^b = N$，那么 $b = \log_a N$。

将 $b = \log_a N$ 代入 $a^b = N$，得到对数恒等式

$$a^{\log_a N} = N$$

同样，将 $a^b = N$ 代入 $b = \log_a N$，得到对数恒等式

$$\log_a a^b = b$$

类似有：

$$10^{\lg N} = N, \lg 10^b = b \qquad e^{\ln N} = N, \ln e^b = b$$

例 6 求下列各式的值。

(1) $\log_3 27$ (2) $\log_2 \dfrac{1}{4}$ (3) $\lg 0.001$

(4) $\ln e^{-3.6}$ (5) $10^{\lg 6.5}$ (6) $2^{\log_2 9}$

(7) $5^{\log_5 \sqrt{5}}$ (8) $e^{\ln 3}$

解 (1) $\log_3 27 = \log_3 3^3 = 3$

(2) $\log_2 \dfrac{1}{4} = \log_2 2^{-2} = -2$

(3) $\lg 0.001 = \lg 10^{-3} = -3$

(4) $\ln e^{-3.6} = -3.6$

(5) $10^{\lg 6.5} = 6.5$

(6) $2^{\log_2 9} = 9$

(7) $5^{\log_5 \sqrt{5}} = \sqrt{5}$

(8) $e^{\ln 3} = 3$

例7 计算 $\log_3 3 + \lg 10 - \ln e + \lg 1 - \log_2 16 + \log_{\frac{1}{3}} 1$。

解 $\log_3 3 + \lg 10 - \ln e + \lg 1 - \log_2 16 + \log_{\frac{1}{3}} 1$

$= 1 + 1 - 1 + 0 - \log_2 2^4 + 0$

$= 1 + 1 - 1 + 0 - 4 + 0 = -3$

课堂练习

1. 把下列指数式写成对数式。

(1) $4^2 = 16$ (2) $4^{-\frac{1}{2}} = \dfrac{1}{2}$

(3) $5^b = 10$ (4) $\left(\dfrac{1}{5}\right)^m = 27$

2. 把下列对数式写成指数式。

（1）$\log_{10}100 = 2$ （2）$\log_{\frac{1}{3}}9 = -2$

（3）$\log_8 N = 4$ （4）$\lg\sqrt[5]{10} = \dfrac{1}{5}$

3. 求下列各式的值。

（1）$\log_{\sqrt{3}}1$ （2）$\log_{\sqrt{2}}\sqrt{2}$

（3）$\lg 0.1$ （4）$\ln e^2$

（5）$10^{\lg\sqrt{7}}$ （6）$\dfrac{1}{3}^{\log_{\frac{1}{3}}10}$

（7）$\sqrt{7}^{\log_{\sqrt{7}}7}$ （8）$e^{\ln 10}$

（9）$\log_3 27 + \lg 1 - \ln e + \lg 100 - \log_{\sqrt{2}}4 + \ln 1$

（10）$\log_2 2 \cdot \log_2 1 \cdot \log_2 16 \cdot \log_2 \dfrac{1}{2}$

二、对数的运算法则

根据对数的定义与指数的运算法则，可以得到对数的运算法则：

设 $a > 0$ 且 $a \neq 1$，M、N 都是正实数，则有

法则 1 $\log_a(MN) = \log_a M + \log_a N$

即   正因数积的对数等于各因数对数的和。

法则 2 $\log_a\left(\dfrac{M}{N}\right) = \log_a M - \log_a N$

即   两个正数商的对数等于被除数的对数减去除数的

对数。

法则 3 $\log_a M^n = n \log_a M \qquad (n \in R)$

即 正数幂的对数等于幂的指数乘以幂底数的对数。

例 8 用 $\log_a x$，$\log_a y$，$\log_a z$ 表示下列各式。

(1) $\log_a (x^2 y^3)$ (2) $\log_a \dfrac{x^2 y}{z^3}$ (3) $\log_a \dfrac{\sqrt[3]{x^2}}{y \sqrt{z}}$

解 (1) $\log_a (x^2 y^3) = \log_a x^2 + \log_a y^3$

$$= 2\log_a x + 3\log_a y$$

(2) $\log_a \dfrac{x^2 y}{z^3} = \log_a (x^2 y) - \log_a z^3$

$$= \log_a x^2 + \log_a y - 3\log_a z$$

$$= 2\log_a x + \log_a y - 3\log_a z$$

(3) $\log_a \dfrac{\sqrt[3]{x^2}}{y \sqrt{z}} = \log_a \sqrt[3]{x^2} - \log_a y \sqrt{z}$

$$= \log_a x^{\frac{2}{3}} - \log_a y z^{\frac{1}{2}}$$

$$= \frac{2}{3}\log_a x - (\log_a y + \log_a z^{\frac{1}{2}})$$

$$= \frac{2}{3}\log_a x - \log_a y - \frac{1}{2}\log_a z$$

例 9 计算。

(1) $\lg \sqrt[5]{100}$ (2) $\ln \sqrt{e^3}$

(3) $\log_2 (2^5 \times 4^7)$ (4) $\log_5 \dfrac{5^5}{25}$

解　（1）$\lg\sqrt[5]{100}=\lg\sqrt[5]{10^2}=\lg10^{\frac{2}{5}}=\dfrac{2}{5}\lg10=\dfrac{2}{5}$

（2）$\ln\sqrt{e^3}=\ln e^{\frac{3}{2}}=\dfrac{3}{2}$

（3）$\log_2(2^5\times4^7)=\log_22^5+\log_24^7=5+7\log_24$

$$=5+7\log_22^2=5+7\times2=19$$

（4）$\log_5\dfrac{5^5}{25}=\log_55^5-\log_525$

$$=5-\log_55^2=5-2=3$$

例 10　计算。

（1）$\log_5\dfrac{1}{3}+\log_53$　　（2）$\log_318-\log_32$

（3）$2\log_210+\log_20.16$　（4）$2^{1-3\log_25}$

解　（1）$\log_5\dfrac{1}{3}+\log_53=\log_5(\dfrac{1}{3}\cdot3)=\log_51=0$

（2）$\log_318-\log_32=\log_3\dfrac{18}{2}=\log_39=\log_33^2=2$

（3）$2\log_210+\log_20.16=\log_210^2+\log_20.16$

$$=\log_2(10^2\times0.16)$$

$$=\log_216=\log_22^4=4$$

（4）$2^{1-3\log_25}=2\div2^{3\log_25}=2\div2^{\log_25^3}=2\div5^3=\dfrac{2}{125}$

例 11　求下列各式中的 x。

（1）$\log_2x=3$　　　　（2）$\log_x\sqrt{3}=\dfrac{1}{2}$

解 （1）将 $\log_2 x = 3$ 化为指数式 $x = 2^3 = 8$

（2）将 $\log_x \sqrt{3} = \dfrac{1}{2}$ 化为指数式 $x^{\frac{1}{2}} = \sqrt{3}$，两边再平方

$x = 3$

 课堂练习

1．用 $\log_a x$，$\log_a y$，$\log_a z$ 表示下列各式。

（1）$\log_a (x^{\frac{2}{5}} y z^3)$ （2）$\log_a \dfrac{\sqrt[3]{x} \cdot y}{z^2}$

（3）$\log_a \left(y \sqrt[3]{\dfrac{z^5}{x^3}} \right)$

2．计算。

（1）$\lg 0.001$ （2）$\ln \sqrt{e}$

（3）$\log_2 (8^2 \times 4^3)$ （4）$\log_3 \dfrac{3^5}{\sqrt{9}}$

3．计算。

（1）$\lg \dfrac{1}{3} + \lg 3$

（2）$\log_3 5 - \log_3 15$

（3）$\log_5 \dfrac{4}{5} + 2\log_5 \dfrac{5}{2}$

（4）$\lg 20 + \lg \dfrac{3}{5} - \lg 3 + 2\lg 5$

（5）$3^{2-\log_3\frac{3}{4}}$

4．求下列各式中的 x。

（1）$\lg x = 3$ （2）$\log_x \frac{1}{8} = -3$

三、 对数的换底公式

在 $a > 0$ 且 $a \neq 1$ 时，如果 $b = \log_a N$，那么 $a^b = N$。

在 $a^b = N$ 的两边取以 c 为底的对数，有

$$\log_c a^b = \log_c N$$

$$b \log_c a = \log_c N$$

所以

$$\log_a N = b = \frac{\log_c N}{\log_c a}，此式叫做对数的换底公式。$$

特别地，

$$\log_a b = \frac{\log_b b}{\log_b a} = \frac{1}{\log_b a}$$

利用对数的换底公式，还可以得到自然对数与常用对数的互化公式：

$$\ln N = \frac{\lg N}{\lg e}$$

例 12 计算。

（1）$\log_2 3 \cdot \log_3 8$ （2）$\log_2 \frac{1}{25} \cdot \log_3 \frac{1}{8} \cdot \log_5 9$

解 （1）$\log_2 3 \cdot \log_3 8 = \log_2 3 \times \dfrac{\log_2 8}{\log_2 3}$

$$= \log_2 8 = \log_2 2^3 = 3$$

（2） $\log_2 \dfrac{1}{25} \cdot \log_3 \dfrac{1}{8} \cdot \log_5 9$

$= \log_2 5^{-2} \cdot \log_3 2^{-3} \cdot \log_5 3^2$

$= (-2\log_2 5) \cdot (-3\log_3 2) \cdot 2\log_5 3$

$= 12\log_2 5 \cdot \log_3 2 \cdot \log_5 3$

$= 12 \dfrac{\ln 5}{\ln 2} \cdot \dfrac{\ln 2}{\ln 3} \cdot \dfrac{\ln 3}{\ln 5} = 12$

例 13 求证：$\log_2^3 \cdot \log_3^5 \cdot \log_5^2 = 1$

解 $\log_2^3 \cdot \log_3^5 \cdot \log_5^2 = \dfrac{\lg 3}{\lg 2} \cdot \dfrac{\lg 5}{\lg 3} \cdot \dfrac{\lg 2}{\lg 5} = 1$

 课堂练习

1. 计算。

（1） $\log_8 9 \cdot \log_{27} 32$

（2） $\log_{25} 3 \cdot \log_{27} 125$

（3） $\log_8 \dfrac{1}{25} \cdot \log_9 8 \cdot \log_5 \dfrac{1}{9}$

2. 求证：$\log_x y \cdot \log_y z \cdot \log_z x = 1$。

习题四

1. 把下列指数式写成对数式。

(1) $5^2 = 25$　　　　(2) $9^{\frac{1}{2}} = 3$

(3) $2^n = 3$　　　　(4) $\left(\dfrac{1}{3}\right)^b = 27$

2. 把下列对数式写成指数式。

(1) $\lg 1000 = 3$　　　　(2) $\ln 9 = -2$

(3) $\log_x 3 = 4$　　　　(4) $\lg N = \dfrac{1}{5}$

3. 求下列各式的值。

(1) $\log_{0.4} 1$　　(2) $\ln e$　　　(3) $10^{\lg \sqrt{2}}$

(4) $\dfrac{1}{5}^{\log_{\frac{1}{5}} e}$　　(5) $e^{\ln 3.5}$

(6) $\log_4 64 + \lg 10 - \log_{\sqrt{3}} 9 + \ln 1$

4. 用 $\log_a x$，$\log_a y$，$\log_a z$，$\log_a (x+y)$，$\log_a (x-y)$ 表示下列各式。

(1) $\log_a [x^3 (x+y)^2 z]$　　　　(2) $\log_a \dfrac{y \sqrt[3]{x+y}}{(x-y)^2}$

5. 计算。

(1) $\lg 0.1$　　　　(2) $\ln \sqrt[4]{e}$

(3) $\log_5 (25^2 \times 5^{-3})$　　(4) $\log_7 21 - \log_7 3$

(5) $\log_2 \dfrac{4}{3} + \log_2 \dfrac{3}{8} - 2\log_2 \dfrac{1}{4}$

(6) $\ln 20 + \ln \dfrac{3}{5} - \ln 3 - 2\ln 2 + e^{\ln 2}$

6. 计算。

(1) $\log_3 8 \cdot \log_4 27$

(2) $\lg 3 \cdot \log_{27} 25 \cdot \log_5 10$

(3) $\log_x 2y \cdot \log_{2y} 3z \cdot \log_{3z} x^2$

第五节 ▶▶ 对 数 函 数

一、 对数函数的概念

前面介绍了指数函数的应用，在实际中还会遇到相反的问题。例如：一辆小轿车价值 1 百万元，若每年的折旧率是 18%，大约使用多少年后价值为 0.1 百万元？如果把经过若干年 y 设作汽车的价值 x 的函数，如何写出函数解析式？

解：设经过 t 年，汽车价值为 0.1 百万元，即 $0.1 = 1(1 - 18\%)^t$

借助于指数式和对数式的相互转化：

$$\log_a N = b \Leftrightarrow a^b = N$$

有 $\qquad t = \log_{0.82} \dfrac{1}{10} = 12(年)$

设经过 y 年，汽车价值为 x 百万元，即 $x = 1\,(1-18\%)^y$

借助于指数式和对数式的互相转化：

$$\log_a N = b \Leftrightarrow a^b = N$$

有 $\qquad\qquad y = \log_{0.72} x$

可以把形如 $y = \log_a x$ 的式子叫做对数函数，其中 $a > 0$ 且 $a \neq 1$。

由对数的意义可知：真数大于 0，因此，对数函数 $y = \log_a x$ 的定义域是 $(0, +\infty)$。

例 1 求下列函数的定义域。

(1) $y = \log_3(x-1)$

(2) $y = \log_{\frac{1}{2}}(2x+1)$

解 (1) $x - 1 > 0$，$x > 1$ 所以该函数的定义域为 $(1, +\infty)$；

(2) $2x + 1 > 0$，$x > -\dfrac{1}{2}$ 所以该函数的定义域为 $\left(-\dfrac{1}{2}, +\infty\right)$。

例 2 已知 对数函数 $y = \log_a x$ 的图像过点 $(16, 4)$，求函数的表达式；

解 把 $x = 16$，$y = 4$ 代入 $y = \log_a x$ 得，$a = 2$，

所以函数表达式为 $y = \log_2 x$。

课堂练习

1. 求下列函数的定义域。

(1) $y = \log_3(2x - 1)$

(2) $y = \log_5(3x + 1)$

2. 已知对数函数 $y = \log_a x$ 的图像过点 $(9, -2)$，求函数的表达式。

二、 对数函数的图像与性质

下面来研究对数函数 $y = \log_a x$（$a > 0$，$a \neq 1$）的图像和性质，由于 a 的取值范围可以分为 $0 < a < 1$ 和 $a > 1$ 两部分，故分别以底数 $a = 2$ 和 $a = \dfrac{1}{2}$ 为例进行讨论。

为了便于研究，可在同一个平面直角坐标系中用描点法画出对数函数 $y = \log_2 x$ 和 $y = \log_{\frac{1}{2}} x$ 的图像，如图 4-3 所示。

列表如下所示：

x		$\dfrac{1}{8}$	$\dfrac{1}{4}$	$\dfrac{1}{2}$	$\dfrac{\sqrt{2}}{2}$	1	$\sqrt{2}$	2	4	8
$y = \log_2 x$	$\cdots$	-3	-2	-1	$-\dfrac{1}{2}$	0	$\dfrac{1}{2}$	1	2	3
$y = \log_{\frac{1}{2}} x$	$\cdots$	3	2	1	$\dfrac{1}{2}$	0	$-\dfrac{1}{2}$	-1	-2	-3

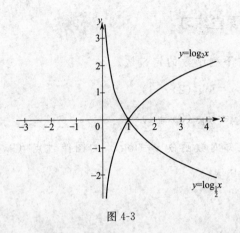

图 4-3

一般地，对数函数 $y = \log_a x$ 在底数 $0 < a < 1$ 和 $a > 1$ 这两种情况下的图像和性质如下表所示。

项目	$y = \log_a x, x > 0$	
	$a > 1$	$0 < a < 1$
图像		
	(1)定义域是 R^+，值域是 R；(2)当 $x = 1$ 时，$y = 0$	
性质	当 $y > 0$ 时，$x > 1$ 当 $y < 0$ 时，$0 < x < 1$	当 $y > 0$ 时，$0 < x < 1$ 当 $y < 0$ 时，$x > 1$
	在 $(0, +\infty)$ 内是增函数	在 $(0, +\infty)$ 内是减函数

例3 指出下列对数函数在区间 $(0, +\infty)$ 内是增函数还是减函数。

(1) $y = \log_3 x$　　　　(2) $y = \log_{\frac{1}{3}} x$

解 (1) 因为 $a=3>1$，所以 $y=\log_3 x$ 在区间（0，$+\infty$）内是增函数；

(2) 因为 $0<a=\dfrac{1}{3}<1$，所以 $y=\log_{\frac{1}{3}} x$ 在区间（0，$+\infty$）内是减函数。

例 4 利用对数函数的性质比较下列各题中两个实数的大小。

(1) $\log_3 2$ 与 $\log_3 5$ (2) $\log_{\frac{1}{2}} 5$ 与 1

解 (1) 因为对数函数 $y=\log_3 x$ 是增函数，且 $2<5$，所以 $\log_3 2<\log_3 5$；

(2) 因为对数函数 $y=\log_{\frac{1}{2}} x$ 是减函数，且 $1=\log_{\frac{1}{2}}\dfrac{1}{2}$ 及 $5>\dfrac{1}{2}$，所以 $\log_{\frac{1}{2}} 5<1$。

例 5 某市现有人口 500 万，人口的年自然增长率 1.2%，

(1) 以此预计经过多少年这个城市的人口将突破 700 万？（结果保留整数）；

(2) 这个城市的人口突破 x 万需要多少年？

解 (1) 第一年后人口增长为

$$500+500\times 1.2\% = 500\times(1+1.2\%)$$
$$= 500\times 1.012(万)$$
$$= 506(万)$$

2 年后该城市的人口总数为

$$500 \times 1.012 + 500 \times 1.012 \times 1.2\%$$

$$= 500 \times 1.012^2 (万)$$

$$= 512.072 (万)$$

从而 t 年后该城市的人口总数为 $700 = 500(1+1.2\%)^t$

$$t = \log_{1.012} \frac{7}{5} \approx 28 (年)$$

（2）设经过 y 年，城市人口达到 x 万人，

$$x = 500(1+1.2\%)^y$$

即　　　　　　　　　$$y = \log_{1.012} \frac{x}{500}$$

 课堂练习

1. 指出下列对数函数的单调性。

（1）$y = \ln x$　　（2）$y = \log_{\frac{1}{2}} x$

2. 比较下列各数大小。

（1）$\log_{\frac{1}{2}} 0.1$ 与 $\log_{\frac{1}{2}} 0.2$　　（2）$\log_{\frac{1}{2}} 1.2$ 与 1

（3）$\log_2 0.8$ 与 0　　　　　（4）$\log_{\frac{2}{3}} 0.8$ 与 0

3. 某县 2014 年全县国民生产值为 500 亿元，如果年增长率保持 8%，试问多少年后该县的国民生产总值能翻一番（达到 1000 亿元）。

习题五

一、选择题

1. 函数 $y=\log_{\frac{1}{3}}x$ 定义域是（ ）。

A. R B. $[-1,+\infty)$

C. $(-\infty,-1]$ D. $[0,1]$

2. 若某对数函数的图像过点 $(4,2)$，则该对数函数的解析式为（ ）。

A. $y=\log_2 x$ B. $y=2\log_4 x$

C. $y=\log_2 x$ 或 $y=2\log_4 x$ D. 不确定

二、填空题

1. 函数 $f(x)=\log_2(x+4)$ 的定义域为 _____。

2. 若函数 $f(x)=\log_a x$，$(a>0$，且 $a\neq1)$ 的图像过点 $(27,3)$，则 $a=$ _____。

三、解答题

比较各题中两个值的大小。

(1) $\log_{\frac{2}{3}}0.5$ 与 $\log_{\frac{2}{3}}0.6$ (2) $\log_{1.7}1.6$ 与 $\log_{1.7}1.8$

四、应用题

某化工厂生产一种溶液，按市场要求，杂质含量不超过 0.1%，若初时含杂质 2%，每过滤一次可使杂质含量减少 $1/3$，问至少应过滤几次才能使产品达到市场要求？（已知 $\lg2=0.301$，$\lg3=0.4771$）

▶ 综合练习 ◀

一、选择题

1. 函数 $y = x^{-2}$ 在区间 $\left[\dfrac{1}{2}, 2\right]$ 上的最大值是（   ）。

A. $\dfrac{1}{4}$　　　　B. -1　　　　C. 4　　　　D. -4

2. 函数 $y = \dfrac{1}{2^x - 1}$ 的值域是（   ）。

A. $(-\infty, 1)$

B. $(-\infty, 0) \cup (0, +\infty)$

C. $(-1, +\infty)$

D. $(-\infty, -1) \cup (0, +\infty)$

3. 下列函数中，值域为 R^+ 的是（   ）。

A. $y = 5^{\frac{1}{2-x}}$　　　　　　　B. $y = \left(\dfrac{1}{3}\right)^{1-x}$

C. $y = \sqrt{\left(\dfrac{1}{2}\right)^x - 1}$　　　　D. $y = \sqrt{1 - 2^x}$

4. 下列关系中正确的是（   ）。

A. $\left(\dfrac{1}{2}\right)^{\frac{2}{3}} < \left(\dfrac{1}{5}\right)^{\frac{2}{3}} < \left(\dfrac{1}{2}\right)^{\frac{1}{3}}$

B. $\left(\dfrac{1}{2}\right)^{\frac{1}{3}} < \left(\dfrac{1}{2}\right)^{\frac{2}{3}} < \left(\dfrac{1}{5}\right)^{\frac{2}{3}}$

C. $\left(\dfrac{1}{5}\right)^{\frac{2}{3}}<\left(\dfrac{1}{2}\right)^{\frac{1}{3}}<\left(\dfrac{1}{2}\right)^{\frac{2}{3}}$

D. $\left(\dfrac{1}{5}\right)^{\frac{2}{3}}<\left(\dfrac{1}{2}\right)^{\frac{2}{3}}<\left(\dfrac{1}{2}\right)^{\frac{1}{3}}$

二、填空题

1. 函数 $f(x)=\lg(x-2)+\sqrt{5-x}$ 的定义域为_____。

2. 当 $x\in[-1,+1]$ 时，函数 $f(x)=3^{x}-2$ 的值域为_____。

3. $y=x^{a^2-4a-9}$ 是偶函数，且在 $(0,+\infty)$ 是减函数，则整数 a 的值是_____。

4. 已知对数函数 $f(x)$ 的图像过点 $P(8,3)$，则 $f\left(\dfrac{1}{32}\right)=$_____。

三、解答题

1. 求下列各式的值。

(1) $\sqrt[3]{(-10)^3}$　　(2) $\sqrt[4]{(e-2)^4}$

(3) $\left(\dfrac{81}{36}\right)^{-\frac{1}{2}}$　　(4) $\left(\dfrac{2}{3}\right)^{\frac{1}{4}}\times\left(\dfrac{243}{2}\right)^{\frac{1}{4}}$

(5) $(-\pi)^0+16^{\frac{1}{2}}-\left(\dfrac{9}{25}\right)^{-\frac{1}{2}}$

(6) $(\sqrt[3]{3}+\sqrt{3})\div\sqrt[4]{3}$

2. 化简下列各式。

(1) $a^5 \times a^{-3} \div a^2$ (2) $(m^6 \cdot n^{-3})^{\frac{2}{3}}$

(3) $\dfrac{\sqrt[4]{ab^3}}{\sqrt[3]{ab^2}}$ (4) $\sqrt[3]{\dfrac{y^2}{x^4}}\sqrt{9x^3y^5}$

3. 求下列各式的值。

(1) $10^{\lg 2} + \ln e^5 - \sqrt{3}^{\log_{\sqrt{3}} 3}$

(2) $\log_4 64 + \lg 100 - \log_3 27 + \log_4 1$

(3) $\log_5 \dfrac{5}{3} + \log_5 \dfrac{3}{25} - 2\log_5 \dfrac{1}{5}$

(4) $\lg 20 + \lg \dfrac{3}{2} - \lg 3 - 2\ln e^2 + e^{\ln 2}$

(5) $\log_5 8 \cdot \log_4 25$

(6) $\ln 5 \cdot \log_5 3^4 \cdot \log_5 \sqrt{e} \cdot \log_3 5$

4. 已知幂函数 $f(x) = x^{m^2-2m-3}$ $(m \in Z)$ 的图像与 x 轴。y 轴都无交点，且关于 y 轴对称，试确定 $f(x)$ 的解析式。

5. 已知函数 $y = 2^{|x|}$

(1) 作出其图像；

(2) 由图像指出单调区间；

(3) 由图像指出当 x 取何值时函数有最小值，最小值为多少？

6. 现有某种细胞 100 个，其中有占总数 $\dfrac{1}{2}$ 的细胞每小时分裂 1 次，即有 1 个细胞分裂为 2 个细胞，按照这种

规律发展下去，经过多少小时，细胞总数超过 10^{10} 个？（参考数据 lg3＝0.477，lg2＝0.301）

 ### 阅读材料

指数趣事

传说国际象棋是舍罕王的宰相西萨·班·达依尔发明的。他把这个有趣的娱乐品进贡给国王。舍罕王对于这一奇妙的发明异常喜爱，决定让宰相自己要求得到什么赏赐。西萨并没有要求任何金银财宝，他只是指着面前的棋盘奏道："陛下，就请您赏给我一些麦子吧，它们只要这样放在棋盘里就行了：第一个格里放一颗，第二个格里放两颗，第三个格里放四颗，以后每一个格里都比前一个格里的麦粒增加一倍。圣明的王啊，只要把这样摆满棋盘上全部六十四格的麦粒都赏给你的仆人，他就心满意足了。"舍罕王听了，心中暗暗欣喜："这个傻瓜的胃口实在不算大啊。"他立即慷慨地应允道："爱卿，你当然会如愿以偿的！"但当记麦工作开始后不久，舍罕王便暗暗叫苦了，因为尽管第一袋麦子放满了将近二十个格子，可是接下去的麦粒数以指数型增长竟是那样得快，国王很快意识到，即使把自己王国内的全部粮食都拿来，也兑现不了他许给宰相的诺言了！聪明的宰相所要求的麦粒总数，实际上是等比数列：

1, 2, 4, 8…的前六十四项和，即二的六十四次方减一，为一个二十位的大数：18 446 744 073 709 551 615。如果一斤麦子要26000粒的话，把它换算为吨，18 446 744 073 709 551 615÷26 000÷2000＝354 745 078 340.568（吨）。

然而全球现在一年的小麦产量才七亿吨，古代的粮食单产更低，需要全球人不吃不喝上千年才能兑现对宰相的承诺！这说明必要的函数知识、数学知识需要大家学习和掌握。

第五章

三 角 函 数

　　三角函数是数学中重要的内容，初中已经学过锐角的三角函数，利用它们解决了许多实际问题。但在科学技术和实际生产中，常常会遇到任意大小的角和任意角的三角函数。

　　本章将把角的概念进行推广，引入弧度制，并研究任意角三角函数的概念，最后介绍三角函数的图像和性质。

第一节 ▶▶ 角

一、角的概念

　　在初中一般学过，角可以看作是平面内一条射线绕着它的端点从一个位置旋转到另一个位置形成的图形。如图 5-1 所示，射线 OA 绕着它的端点 O 旋转到 OB，就形成

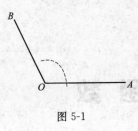

图 5-1

∠AOB，其中射线的端点 O 称为角的顶点，射线旋转的初始位置 OA 称为角的始边，射线旋转的终止位置 OB 称为角的终边。角常用小写希腊字母 α、β、γ…表示。

生活中有许多例子都与角度有关，如钟表的指针从某一位置转到另一位置，就形成了一个角（图 5-2）；当把门打开或关上时，其上边框从初始位置转到终止位置也形成了一个角（图 5-3）。

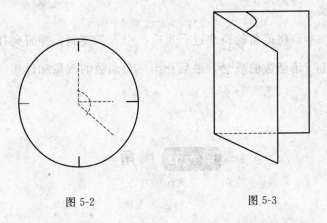

图 5-2   图 5-3

根据实际生活的经验可以知道，物体在旋转时，由于旋转方向不同结果就不同，为了区分旋转方向，故规定：

按逆时针方向旋转而成的角称为正角；

按顺时针方向旋转而成的角称为负角；

当一条射线没有旋转时，也认为它形成了一个角，称为零角。

在图 5-4 中，$\angle COD$ 是一个正角；$\angle EOF$ 是一个负角。

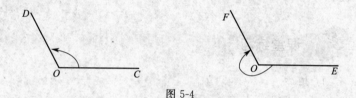

图 5-4

根据角的概念，一条射线绕着它的端点旋转时，可以旋转一周或超过一周，形成任意大小的角。当射线从初始位置按逆时针方向旋转超过一周时，形成的是大于 360° 的角；当射线按顺时针方向旋转超过一周时，形成的是小于 −360° 的角。

例 1　画出 $\angle AOB = 450°$ 及 $\angle AOB = -630°$。

解　如图 5-5（1）中，$\angle AOB = 450°$；图 5-5（2）中，$\angle AOB = -630°$

例 2　时钟从 3 点走到 4 点 30 分，分针旋转了多少度？

解　时钟从 3 点走到 4 点 30 分，分针按顺时针方向旋转了一周半，所以旋转了

$$-(360° + 180°) = -540°$$

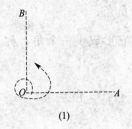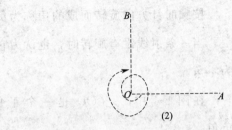

(1)   (2)

图 5-5

 课堂练习

1. 填空。

(1) 按顺时针方向旋转 $\frac{1}{4}$ 周形成的角是_____度；

(2) 按顺时针方向旋转两周形成的角是_____度；

(3) 按逆时针方向旋转 $\frac{3}{4}$ 周形成的角是_____度；

(4) 按逆时针方向旋转一周半周，形成的角是_____度。

2. 分别画出以下各角。

$$120°，225°，-150°，-390°。$$

3. 钟表时针从 1 点走到 2 点 15 分时，分针旋转了多少度？

二、象限角与终边相同的角

为了方便，可以常把角放到平面直角坐标系中进行讨论。以坐标系 XOY 的原点为角的顶点，让角的始边与 X 轴的正半轴重合，这时角的终边落在第几象限，就说这个角是第几象限的角。如图 5-6 中，$\angle XOA$ 是第一象限角，$\angle XOB$ 是第二象限角，$\angle XOC$ 是第四象限角；再如，30°角是第一象限角，$-135°$角是第三象限角，300°角是第四象限角。

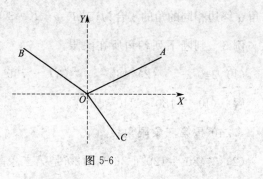

图 5-6

如果一个角的终边落在坐标轴上，就说这个角是终边与坐标轴重合的角。如 90°角、270°角等都是终边与 X 轴重合的角，0°、180°、360°都是终边与 Y 轴重合的角。

在同一坐标系中画出以下各角，并观察这些角有什么共同特点：

$$30°,\ 390°,\ 750°,\ -330°,\ -690°。$$

通过观察可以发现，这些角的终边位置是相同的，它们彼此相差 360°的整数倍。可以把这些角叫做与 30°终边相同的角。

事实上，与 30°终边相同的角有无限多个，它们与 30°

相差 360°的整数倍。所以，与 30°终边相同的角（含 30° 角）的一般表达式为

$$\beta = 30° + K \cdot 360°(K \in Z)$$

由此推广，与角 α 终点相同的角（含 α 角在内）的一般表达式为

$$\beta = \alpha + K \cdot 360°(K \in Z)$$

与角 α 终边相同的角的集合为 $\{\beta | \beta = \alpha + K \cdot 360° (K \in z)\}$。

例 3 判断下列各角所在象限。

(1) 240°　　　(2) 480°　　　(3) −750°

解 (1) ∵ 180° < 240° < 270°，

∴ 240°是第三象限角；

(2) ∵ 480° = 120° + 360°，120°是第二象限角，

∴ 480°是第二象限角；

(3) ∵ −750° = −30° − 2 × 360°，−30°是第四象限角，

∴ −750°是第二象限角。

例 4 下列各角中哪些角的终边与 60°角的终边相同？

$$420°，−300°，−660°，790°。$$

解 420° = 60° + 360°

790° = 70° + 2 × 360°

−300° = 60° − 360°

−660° = 60° − 2 × 360°

因为 420°，−300°，−660°与 60°相差 360°的整数倍，

所以它们与 60°终边相同；而 790°与 60°终边不相同（790°

与 60°的差不是 360°的整数倍）。

例 5 写出终边与 Y 轴重合的角的集合。

解 终边在 Y 轴的正半轴上的角的一般表达式为

$$\beta = 90° + K \cdot 360°$$

$$= 90° + 2K \cdot 180° \ (K \in Z)$$

终边在 Y 轴的负半轴上的角的一般表达式为

$$\beta = 270° + K \cdot 360° = 90° + 180° + 2K \cdot 180°$$

$$= 90° + (2K+1) \cdot 180° (K \in Z)$$

故终边在 Y 轴上的角的一般表达式为

$$\beta = 90° + K \cdot 180° (K \in Z)$$

所以终边与 Y 轴重合的角的集合为 $\{\beta \mid \beta = 90° +$

$K \cdot 180° \ (K \in Z)\}$。

 课堂练习

1. 锐角都是第一象限角吗？第一象限角都是锐角吗？

2. 写出与下列各角终边相同的角的集合。

$$45°，60°，-90°，-30°。$$

3. 判断下列各角所在象限。

$240°，450°，890°，-225°，-430°。$

4. 写出终边与 X 轴重合的角的集合。

三、 弧度制

一般情况下，角可以用度、分、秒来度量，这种度量角的制度叫做角度制；在数学和工程中还常用到另外一种度量角的制度，这就是弧度制。

一般规定，长度等于半径的圆弧所对应的圆心角的大小称为 1 弧度，记作 1rad。

于是长度为 l 的圆弧所对的圆心角 α 的大小等于

$$\alpha = \frac{l}{r} \text{rad}$$

通常以弧度为单位表示角时，"弧度"或"rad"可以省略不写。比如 $\alpha = 2$ 就表示 $\angle \alpha$ 等于 2 弧度，$\alpha = \pi$ 就表示 $\angle \alpha$ 等于 π 弧度，所以弧度制下，角与实数具有一一对应关系。

可以知道，半径为 r 的圆周长是 $2\pi r$，它所对应的圆心角（周角）的弧度数等于 $\frac{2\pi r}{r} = 2\pi$ 弧度。

圆周角等于 $360°$，所以有

$$2\pi \text{ 弧度} = 360°$$

$$\pi \text{ 弧度} = 180°$$

因此，可以得到角度制与弧度制的换算关系：

$$1 \text{ 弧度} = \frac{180}{\pi} \approx 57°18' = 57.30°$$

$$1° = \frac{\pi}{180} \approx 0.01745 \text{ 弧度}$$

例 6 用弧度表示下列各角的大小。

$$30°, \qquad 120°, \qquad -45°。$$

解 $30° = 30 \times \frac{\pi}{180} = \frac{\pi}{6}$

$$120° = 120 \times \frac{\pi}{180} = \frac{2\pi}{3}$$

$$-45° = -45 \times \frac{\pi}{180} = -\frac{\pi}{4}$$

例 7 用角度表示下列各角的大小。

$$\frac{\pi}{3}, \frac{5\pi}{6}, -\frac{3\pi}{2}, 3。$$

解 $\frac{\pi}{3} = \frac{180°}{3} = 60°$

$$\frac{5\pi}{6} = \frac{5 \times 180°}{3} = 150°$$

$$-\frac{3\pi}{2} = -\frac{3 \times 180°}{2} = -270°$$

$$3 = 3 \times \frac{180°}{\pi} \approx \frac{540°}{3.14} \approx 172°$$

一些常用的特殊角的度数与弧度的对应关系列成

下表：

度	0	30	45	60	90	180	270	360
弧度	0	$\frac{\pi}{6}$	$\frac{\pi}{4}$	$\frac{\pi}{3}$	$\frac{\pi}{2}$	π	$\frac{3\pi}{2}$	2π

弧度制下，0°～360°范围内各象限角的范围如下：

α	$0<\alpha<\dfrac{\pi}{2}$	$\dfrac{\pi}{2}<\alpha<\pi$	$\pi<\alpha<\dfrac{3\pi}{2}$	$\dfrac{3\pi}{2}<\alpha<2\pi$
象限	一	二	三	四

弧度制下，与角 α 终边相同的角（含 α 角在内）的一般表达式为

$$\beta=\alpha+2k\pi(k\in Z)$$

例 8 判断下列各角是第几象限角？

(1) $-\dfrac{11\pi}{6}$ (2) $\dfrac{7\pi}{4}$

解 (1) $-\dfrac{11\pi}{6}=\dfrac{\pi}{6}-2\pi$,

因为 $\dfrac{\pi}{6}$ 是第一象限角，所以 $-\dfrac{11\pi}{6}$ 也是第一象限角。

(2) $\dfrac{7\pi}{4}=-\dfrac{\pi}{4}+2\pi$,

因为 $-\dfrac{\pi}{4}$ 是第四象限角，所以 $\dfrac{7\pi}{4}$ 也是第四象限角。

由弧度的定义，可以知道，弧长 l 与半径 r 的比值等于所对圆心角 α 的弧度数，即

$$\frac{l}{r}=|\alpha|$$

由此得出

$$l=|\alpha|\cdot r$$

这就是弧度制下的弧长计算公式。

例9 如图 5-7 所示，弧 AB 所对的圆心角是 $60°$，半径是 48，求弧 AB 的长 l（结果保留整数）。

解 因为 $r = 48$，

$$\alpha = 60° = \frac{\pi}{3}$$

由圆心角公式得：

$$l = |\alpha| \cdot r = \frac{\pi}{3} \times 48 \approx 50\text{m}$$

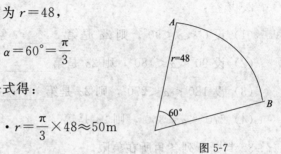

图 5-7

所以弧 AB 的长约为 50m。

课堂练习

1. 用弧度表示下列各角的大小。

   $135°$，$150°$，$-45°$，$-90°$，$-225°$，$330°$。

2. 用角度表示下列各角的大小。

   $$\frac{2\pi}{3}，\frac{3\pi}{4}，-\frac{11\pi}{6}，-\frac{5\pi}{4}。$$

3. 写出与 $\frac{\pi}{6}$ 终边相同的角的集合。

4. 判断下列各角是第几象限角？

   $$\frac{19\pi}{4}，-\frac{7\pi}{6}。$$

习题一

1. 按逆时针方向旋转 1 周半，形成的角是多少度？

2. 填空。

（1）设 $0°<\alpha<90°$，则 2α 是第＿＿＿＿象限角；

（2）设 $90°<\alpha<180°$，则 2α 是第＿＿＿＿象限角；

（3）设 $180°<\alpha<270°$，则 2α 是第＿＿＿＿象限角；

（4）$270°<\alpha<360°$，则 2α 是第＿＿＿＿象限角。

3. 判断下列各角所在象限。

　$405°$，$600°$，$840°$，$950°$，$-1000°$，$-2200°$。

4. 写出终边在直线 $y=x$ 上的角的集合。

5. 某飞轮直径为 1.2m，每分钟按逆时针方向旋转 80 圈，求飞轮上一点每分钟所行驶的路程。

6. 已知 α 是第二象限角，试判断 $\dfrac{\alpha}{2}$ 角是第几象限的角？

第二节 ▸▸ 任意角三角函数

一、任意角三角函数的定义

在初中，已经学过锐角三角函数的定义。设 α 是直角

三角形 *POM* 的一个锐角（见图 5-8）。以 *O* 为原点，以 *OM* 所在直线为 *X* 轴，建立平面直角坐标系。设 *P* 的坐标为 (x, y)，点 *P* 到原点的距离为 *r*，根据锐角三角函数的定义，得

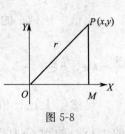

图 5-8

$$\sin\alpha = \frac{\text{对边}}{\text{斜边}} = \frac{y}{r}$$

$$\cos\alpha = \frac{\text{邻边}}{\text{斜边}} = \frac{x}{r}$$

$$\tan\alpha = \frac{\text{对边}}{\text{邻边}} = \frac{y}{x}$$

这里推广了角的概念，能否把锐角三角函数的定义推广到任意角的三角函数呢？

以任意角 *α* 的顶点为原点，以角 *α* 的始边所在直线为 *X* 轴，建立平面直角坐标系。设 $P(x, y)$ 为 *α* 终边上任一点（异于点 *O*），点 *P* 到原点的距离为 *r*，则有

$$r = \sqrt{|x^2| + |y^2|} = \sqrt{x^2 + y^2} > 0$$

可以规定：

比值 $\dfrac{y}{r}$ 叫做 *α* 的正弦，记作 $\sin\alpha$，即 $\sin\alpha = \dfrac{y}{r}$；

比值 $\dfrac{x}{r}$ 叫做 *α* 的余弦，记作 $\cos\alpha$，即 $\cos\alpha = \dfrac{x}{r}$；

比值 $\dfrac{y}{x}$ 叫做 α 的正切，记作 $\tan\alpha$，即 $\tan\alpha = \dfrac{y}{x}$，$(\alpha \neq$

$\dfrac{\pi}{2} + k\pi,\ k \in z)$。

显然，上述比值的大小仅随角 α 的终边位置（即 α 的大小）的改变而改变，而与点 P 的位置无关（为什么?），因此这些比值都是角 α 的函数，分别叫做 α 的正弦函数、余弦函数、正切函数。类似地还常用到下面三个函数：

角 α 的正割：$\sec\alpha = \dfrac{1}{\cos\alpha} = \dfrac{r}{x}$，$(\alpha \neq \dfrac{\pi}{2} + k\pi,\ k \in z)$

角 α 的余割：$\csc\alpha = \dfrac{1}{\sin\alpha} = \dfrac{r}{y}$，$(\alpha \neq k\pi,\ k \in z)$

角 α 的余切：$\cot\alpha = \dfrac{1}{\tan\alpha} = \dfrac{x}{y}$，$(\alpha \neq k\pi,\ k \in z)$

角 α 的正割、余割、余切分别是它的正弦、余弦、正切的倒数。上述六个函数统称为 α 的三角函数。本书重点研究正弦函数、余弦函数、正切函数。

例1 已知角 α 终边一点 $P(-4, 3)$，求 α 的六个三角函数值。

解 由点 $P(-4, 3)$ 可知，$x = -4$，$y = 3$，得

$$r = \sqrt{(-4)^2 + 3^2} = 5$$

所以，$\sin\alpha = \dfrac{y}{r} = \dfrac{3}{5}$，$\cos\alpha = \dfrac{x}{r} = -\dfrac{4}{5}$，$\tan\alpha = \dfrac{y}{x} = -\dfrac{3}{4}$，

$$\sec\alpha = \frac{1}{\cos\alpha} = -\frac{5}{4}, \quad \csc\alpha = \frac{1}{\sin\alpha} = \frac{5}{3}, \quad \cot\alpha = \frac{1}{\tan\alpha} = -\frac{4}{3}。$$

例 2 求 $180°$ 的正弦、余弦、正切。

解 在 $180°$ 终边上找一点 $P(-1,0)$，则 $r = |OP| = 1$，所以

$$\sin 180° = \frac{y}{r} = 0, \quad \cos 180° = \frac{x}{r} = -1, \quad \tan 180° = \frac{y}{x} = 0。$$

利用例 2 的方法，可以求出一些特殊角的三角函数值，列表如下：

$\alpha/(°)$	0	30	45	60	90	180	270	360
$\sin\alpha$	0	$\frac{1}{2}$	$\frac{\sqrt{2}}{2}$	$\frac{\sqrt{3}}{2}$	1	0	-1	0
$\cos\alpha$	0	$\frac{\sqrt{3}}{2}$	$\frac{\sqrt{2}}{2}$	$\frac{1}{2}$	0	-1	0	1
$\tan\alpha$	0	$\frac{\sqrt{3}}{3}$	1	$\sqrt{3}$	不存在	0	不存在	0

例 3 计算下列各值。

(1) $\sin 3\pi$　　(2) $\cos\dfrac{9\pi}{2}$　　(3) $\tan 405°$

解 (1) $\sin 3\pi = \sin(\pi + 2\pi) = \sin\pi = 0$

(2) $\cos\dfrac{9\pi}{2} = \cos\left(\dfrac{\pi}{2} + 4\pi\right) = \cos\dfrac{\pi}{2} = 0$

(3) $\tan 405° = \tan(45° + 360°) = \tan 45° = 1$

课堂练习

1. 已知角 α 终边上一点 P 的坐标，求 α 的六个三角函数值。

(1) $P(\sqrt{3},1)$ 　　　　(2) $P(-2,2)$

(3) $P(-\sqrt{3},3)$ 　　　　(4) $P(2,0)$

2. 计算。

(1) $\sin\dfrac{5\pi}{2}$ 　　(2) $\cos 8\pi$ 　　(3) $\cos\dfrac{7\pi}{2}$

(4) $\tan 3\pi$ 　　(5) $\sin\dfrac{11\pi}{2}$ 　　(6) $\tan\dfrac{7\pi}{3}$

(7) $\sin 420°$

二、 三角函数值的符号

根据三角函数的定义和每个象限内点的坐标的符号，可以确定任意角 α 的正弦、余弦和正切在四个象限的符号，如图 5-9 所示。

例 4 确定下列各三角函数的符号。

(1) $\sin\dfrac{2\pi}{3}$ 　　　　(2) $\cos 225°$

(3) $\tan\left(-\dfrac{11\pi}{6}\right)$ 　　(4) $\sin 4$

图 5-9

解　(1) $\because \dfrac{2\pi}{3}$是第二象限角，

$\therefore \sin \dfrac{2\pi}{3}>0$

(2) $\because 225°$是第三象限角，

$\therefore \cos 225°<0$

(3) $\because -\dfrac{11\pi}{6}=\dfrac{\pi}{6}-2\pi$，

$\therefore -\dfrac{11\pi}{6}$是第一象限角，

$\therefore \tan\left(-\dfrac{11\pi}{6}\right)>0$

(4) $\because \pi<4<\dfrac{3\pi}{2}$，4 为第三象限角，

$\therefore \sin 4<0$

例5　根据 $\sin\theta<0$，$\tan\theta>0$，确定 θ 是第几象限角？

解　$\because \sin\theta<0$，

$\therefore \theta$ 是第三或第四象限角或终边在 Y 轴的负半轴上。

∵ $\tan\theta > 0$,

∴ θ 是第一或第三象限角,

∴ 满足 $\sin\theta < 0$,$\tan\theta > 0$ 的 θ 是第三象限角。

 课堂练习

1. 用 ">" 或 "<" 填空。

$\sin\dfrac{\pi}{6}$ ____ 0 $\cos\dfrac{\pi}{6}$ ____ 0 $\tan\dfrac{\pi}{6}$ ____ 0

$\sin\dfrac{3\pi}{4}$ ____ 0 $\cos\dfrac{3\pi}{4}$ ____ 0 $\tan\dfrac{3\pi}{4}$ ____ 0

$\sin\dfrac{4\pi}{3}$ ____ 0 $\cos\dfrac{4\pi}{3}$ ____ 0 $\tan\dfrac{4\pi}{3}$ ____ 0

$\sin\left(-\dfrac{\pi}{6}\right)$ ____ 0 $\cos\left(-\dfrac{\pi}{6}\right)$ ____ 0 $\tan\left(-\dfrac{\pi}{6}\right)$ ____ 0

2. 确定下列各三角函数的符号。

$\sin\dfrac{5\pi}{4}$ $\cos\dfrac{7\pi}{6}$ $\tan\left(-\dfrac{3\pi}{4}\right)$

$\sin 640°$ $\tan\left(-\dfrac{8\pi}{3}\right)$ $\cos\dfrac{21\pi}{4}$

3. 根据条件,判断 θ 是第几象限角。

(1) $\sin\theta > 0$,$\cos\theta < 0$ (2) $\sin\theta < 0$,$\tan\theta > 0$

(3) $\cos\theta > 0$,$\sin\theta < 0$ (4) $\cos\theta < 0$,$\tan\theta < 0$

习题二

1. 计算。

(1) $\cos 0 - 3\sin\dfrac{3\pi}{2} + 5\cos\pi - \tan 2\pi$

(2) $3\cos\dfrac{3}{2}\pi + 8\sin\pi - 2\tan\dfrac{2}{3}\pi$

2. 已知 P 为第四象限角 α 的终边上一点，且其横坐标 $x=8$，$OP=17$，求角 α 的正弦、余弦、正切。

3. 已知角 α 是第二象限角，且 α 终边在直线 $y=-x$ 上，求角 α 的正弦、余弦、正切。

4. 根据条件，判断 θ 是第几象限角？

(1) $\sin\theta$ 与 $\cos\theta$ 同号

(2) $\sin\theta$ 与 $\tan\theta$ 异号

(3) $\cos\theta$ 与 $\tan\theta$ 异号

5. 确定下列各三角函数的符号。

(1) $\sin\dfrac{7}{3}\pi$　　　(2) $\cos\dfrac{17}{6}\pi$　　　(3) $\tan\left(-\dfrac{4}{3}\pi\right)$

第三节 ▶ 同角三角函数之间的关系

根据任意角的三角函数定义和勾股定理，当 $\alpha \neq \dfrac{\pi}{2} +$

$k\pi$，$k \in z$ 时，有：

$$\sin^2\alpha + \cos^2\alpha = \frac{y^2 + x^2}{r^2} = \frac{r^2}{r^2} = 1$$

$$\frac{\sin\alpha}{\cos\alpha} = \frac{\dfrac{y}{r}}{\dfrac{x}{r}} = \frac{y}{x} = \tan\alpha$$

于是得出同角三角函数的两个基本关系：

$$\boxed{\begin{aligned} &\sin^2\alpha + \cos^2\alpha = 1 \\ &\tan\alpha = \frac{\sin\alpha}{\cos\alpha}, \quad (x \neq \frac{\pi}{2} + k\pi) \end{aligned}}$$

$(5.3.1)$

上述关系式是三角函数两个最基本的关系式。当已经知道一个角的某一个三角函数值时，根据这两个关系式和三角函数值的符号，就可以求出这个角的其余三角函数值。此外，还可利用它们化简三角函数式，证明三角恒等式。

例 1 已知 $\sin\alpha = \dfrac{4}{5}$，$\alpha$ 是第二象限角，求 $\cos\alpha$，$\tan\alpha$ 的值。

解 由 $\sin^2\alpha + \cos^2\alpha = 1$，得

$$\cos\alpha = \pm\sqrt{1 - \sin^2\alpha}$$

∵ α 是第二象限角，$\cos\alpha < 0$，

$$\therefore \cos\alpha = -\sqrt{1 - (\frac{4}{5})^2} = -\frac{3}{5}$$

$$\tan\alpha = \frac{\sin\alpha}{\cos\alpha} = \frac{\dfrac{4}{5}}{-\dfrac{3}{5}} = -\frac{4}{3}$$

例 2　已知 $\tan\alpha = \dfrac{4}{5}$，$\pi < \alpha < \dfrac{3\pi}{2}$，求 $\cos\alpha$，$\sin\alpha$

的值。

解　由题意，得

$$\begin{cases} \sin^2\alpha + \cos^2\alpha = 1 & (1) \\[2mm] \dfrac{\sin\alpha}{\cos\alpha} = -\sqrt{5} & (2) \end{cases}$$

由式（2），得

$$\sin\alpha = -\sqrt{5}\cos\alpha$$

代入式（1），整理得

$$6\cos^2\alpha = 1$$

$$\cos^2\alpha = \frac{1}{6}$$

$\because \pi < \alpha < \dfrac{3\pi}{2}$，$\cos\alpha < 0$，

$\therefore \cos\alpha = -\dfrac{\sqrt{6}}{6}$，代入式（2）得

$$\sin\alpha = -\sqrt{5}\cos\alpha = -\sqrt{5}\left(-\frac{\sqrt{6}}{6}\right) = \frac{\sqrt{30}}{6}$$

例 3　已知 $\tan\alpha = -3$，求 $2\sin\alpha\cos\alpha$ 的值。

解　由已知，得

$$\begin{cases} \sin^2\alpha + \cos^2\alpha = 1 & (1) \\ \dfrac{\sin\alpha}{\cos\alpha} = -3 & (2) \end{cases}$$

由式（2）得

$$\sin\alpha = -3\cos\alpha$$

代入式（1），得

$$\cos^2\alpha + (-3\cos\alpha)^2 = 1$$

$$10\cos^2\alpha = 1$$

$$\cos^2\alpha = \frac{1}{10}$$

所以

$$2\sin\alpha\cos\alpha = 2(-3\cos\alpha)\cos\alpha$$

$$= -6\cos^2\alpha$$

$$= -\frac{6}{10} = -\frac{3}{5}$$

例 4 化简：$\dfrac{\sin\theta - \cos\theta}{\tan\theta - 1}$。

解 原式 $= \dfrac{\sin\theta - \cos\theta}{\dfrac{\sin\theta}{\cos\theta} - 1} = \dfrac{\sin\theta - \cos\theta}{\dfrac{\sin\theta - \cos\theta}{\cos\theta}} = \cos\theta$

例 5 证明。

(1) $\sin^4\theta - \cos^4\theta = 2\sin^2\theta - 1$

(2) $\dfrac{\cos\theta}{1 - \sin\theta} = \dfrac{1 + \sin\theta}{\cos\theta}$

证明 （1）∵原式左边$=(\sin^2\theta+\cos^2\theta)(\sin^2\theta-\cos^2\theta)$

$$=\sin^2\theta-\cos^2\theta$$

$$=\sin^2\theta-(1-\sin^2\theta)$$

$$=2\sin^2\theta-1$$

$$=右边$$

∴原等式成立。

（2）∵$\dfrac{\cos\theta}{1-\sin\theta}-\dfrac{1+\sin\theta}{\cos\theta}$

$$=\dfrac{\cos^2\theta-(1-\sin^2\theta)}{(1-\sin\theta)\cos\theta}$$

$$=\dfrac{\cos^2\theta-\cos^2\theta}{(1-\sin\theta)\cos\theta}=0$$

∴$\dfrac{\cos\theta}{1-\sin\theta}=\dfrac{1+\sin\theta}{\cos\theta}$

 课堂练习

1. 根据条件，求值。

（1）已知 $\sin\alpha=-\dfrac{4}{5}$，且 α 是第三象限角，求 $\cos\alpha$，$\tan\alpha$ 的值。

（2）已知 $\cos\alpha=\dfrac{3}{5}$，且 $\dfrac{3\pi}{2}<\alpha<2\pi$，求 $\sin\alpha$，$\tan\alpha$ 的值。

（3）已知 $\tan\alpha = -\dfrac{3}{4}$，且 α 是第二象限角，求 $\cos\alpha$，

$\sin\alpha$ 的值。

2. 化简。

（1）$(1-\sin\theta)(1+\sin\theta)$　　　　（2）$\cos\theta \cdot \tan\theta$

（3）$\sin^4\alpha + \cos^2\alpha - \sin^2\alpha - \cos^4\alpha$　（4）$\dfrac{2\cos^2\theta - 1}{1 - 2\sin^2\theta}$

3. 证明。

（1）$(\cos\alpha - 1)^2 + \sin^2\alpha = 2 - 2\cos\alpha$

（2）$\tan^2\alpha - \sin^2\alpha = \tan^2\alpha \sin^2\alpha$

习题三

1. 已知 $\tan x = 4$，求下列各式的值。

（1）$\sin^2 x$　　　　　　　　（2）$\dfrac{\sin x + \cos x}{\sin x - \cos x}$

2. 化简下列各式。

（1）$\dfrac{(1+\sin\alpha)(1-\sin\alpha)}{\cos\alpha}$　　　　（2）$\dfrac{1+\tan\alpha}{1+\cot\alpha}$

（3）$\dfrac{\cos\theta}{1+\sin\theta} + \dfrac{1+\sin\theta}{\cos\theta}$

3. 已知 $\sin\alpha + \cos\alpha = \sqrt{2}$，求值。

（1）$\sin\alpha \cdot \cos\alpha$　　　　　　（2）$\sin^3\alpha + \cos^3\alpha$

4. 证明。

（1）$1+\tan^2\alpha=\sec^2\alpha$　　（2）$1+\cot^2\alpha=\csc^2\alpha$

（3）$1+\tan\theta=\dfrac{\tan\theta}{\sin\theta\cos\theta}$

第四节 ▶▶ 诱导公式

根据前面的学习，已经知道了一些特殊角的三角函数值。当角的概念推广到任意角后，如何求锐角以外角的三角函数值呢？为了研究任意角的三角函数与锐角的三角函数之间的关系，本节将学习几组公式，它们统称为诱导公式。

1. α 与 $\alpha+2k\pi$ 的三角函数关系

可以知道，角 $\alpha+2k\pi$ 的终边与 α 的终边相同，根据三角函数定义可知：

$$\boxed{\begin{aligned}\sin(\alpha+2k\pi)&=\sin\alpha\\\cos(\alpha+2k\pi)&=\cos\alpha\\\tan(\alpha+2k\pi)&=\tan\alpha\end{aligned}}\qquad（5.4.1）$$

上述公式表明，终边相同的角的同名三角函数值相等。根据上述公式，可以把任意角的三角函数，转化为 0 到 2π 内的某个角的三角函数，其中 α 是使式子有意义的任意角。

例 1 求下列各三角函数的值。

(1) $\sin \dfrac{7\pi}{3}$　　(2) $\cos \dfrac{25\pi}{4}$　　(3) $\tan 420°$

解　(1) $\sin \dfrac{7\pi}{3} = \sin(\dfrac{\pi}{3} + 2\pi) = \sin \dfrac{\pi}{3} = \dfrac{\sqrt{3}}{2}$

(2) $\cos \dfrac{25\pi}{4} = \cos(\dfrac{\pi}{4} + 6\pi) = \cos \dfrac{\pi}{4} = \dfrac{\sqrt{2}}{2}$

(3) $\tan 420° = \tan(60° + 360°) = \tan 60° = \sqrt{3}$

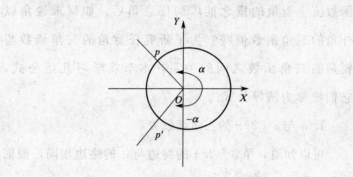

图 5-10

2. α 与 $-\alpha$ 的三角函数关系

如图 5-10 所示，设 α 为第二象限的角，其终边与单位圆交于点 $p(x,y)$，$-\alpha$ 终边与单位圆交于点 p'。显然，点 p 与点 p' 关于 X 轴对称，于是点 p' 的坐标为 $(-x, -y)$。

由三角函数的定义可知：

$$\sin\alpha = y, \quad \cos\alpha = x, \quad \tan\alpha = \frac{y}{x}$$

$$\sin(-\alpha) = -y, \quad \cos(-\alpha) = x, \quad \tan(-\alpha) = -\frac{y}{x}$$

所以

$$\boxed{\begin{aligned}\sin(-\alpha) &= -\sin\alpha \\ \cos(-\alpha) &= \cos\alpha \\ \tan(-\alpha) &= -\tan\alpha\end{aligned}} \qquad (5.4.2)$$

可以证明，以上关系式对任意角 α 都成立。利用公式 (5.4.2)，就可以用正角的三角函数表示负角的三角函数，同时还可以把第四象限角转化为锐角的三角函数。

例 2 求下列各三角函数的值。

(1) $\sin(-\frac{\pi}{6})$ (2) $\cos(-\frac{\pi}{4})$

(3) $\tan(-420°)$ (4) $\sin(-\frac{7\pi}{3})$

解 (1) $\sin(-\frac{\pi}{6}) = -\sin\frac{\pi}{6} = -\frac{1}{2}$

(2) $\cos(-\frac{\pi}{4}) = \cos\frac{\pi}{4} = \frac{\sqrt{2}}{2}$

(3) $\tan(-420°) = -\tan420° = -\tan(360° + 60°) = -\tan60° = -\sqrt{3}$

(4) $\sin(-\frac{7\pi}{3}) = \sin(-2\pi - \frac{\pi}{3}) = \sin(-\frac{\pi}{3}) = -\sin$

$$\frac{\pi}{3} = -\frac{\sqrt{3}}{2}$$

3. π±α 与 α 的三角函数关系

如图 5-11 所示，α 为第一象限角，则 π+α 为第三象限角。设 π+α 与 α 的终边与单位圆分别交于点 p 和 p′，显然点 p 和 p′关于原点对称。设 p(x,y)，则 p′(−x，−y)。

根据三角函数的定义可知：

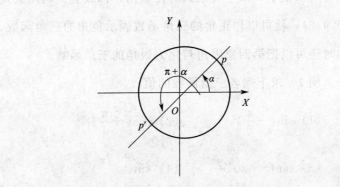

图 5-11

$$\sin(\pi+\alpha) = -y = -\sin\alpha$$

$$\cos(\pi+\alpha) = -x = -\cos\alpha$$

$$\tan(\pi+\alpha) = \frac{-y}{-x} = \tan\alpha$$

可以证明，以上关系式对任意角都成立，因此可以得到 π+α 与 α 的三角函数关系式：

$$\sin(\pi+\alpha)=-\sin\alpha$$
$$\cos(\pi+\alpha)=-\cos\alpha \qquad\qquad (5.4.3)$$
$$\tan(\pi+\alpha)=\tan\alpha$$

由公式(5.4.2)和公式(5.4.3)，可得

$$\sin(\pi-\alpha)=\sin[\pi+(-\alpha)]=-\sin(-\alpha)=\sin\alpha$$

$$\cos(\pi-\alpha)=\cos[\pi+(-\alpha)]=-\cos(-\alpha)=-\cos\alpha$$

$$\tan(\pi-\alpha)=\tan[\pi+(-\alpha)]=\tan(-\alpha)=-\tan\alpha$$

这样，得到 $\pi-\alpha$ 与 α 的三角函数关系式：

$$\sin(\pi-\alpha)=\sin\alpha$$
$$\cos(\pi-\alpha)=-\cos\alpha \qquad\qquad (5.4.4)$$
$$\tan(\pi-\alpha)=-\tan\alpha$$

根据公式(5.4.3)和公式(5.4.4)，可以用锐角的三角函数表示第二、第三象限角的三角函数。

例3 求下列各三角函数的值。

(1) $\sin\dfrac{7\pi}{6}$ (2) $\cos(-\dfrac{8\pi}{3})$

(3) $\tan(-\dfrac{10\pi}{3})$ (4) $\sin930°$

解 (1) $\sin\dfrac{7\pi}{6}=\sin(\pi+\dfrac{\pi}{6})=-\sin\dfrac{\pi}{6}=-\dfrac{1}{2}$

(2) $\cos(-\dfrac{8\pi}{3})=\cos\dfrac{8\pi}{3}=\cos(2\pi+\dfrac{2\pi}{3})=\cos\dfrac{2\pi}{3}$

$$= \cos(\pi - \frac{\pi}{3}) = -\cos\frac{\pi}{3} = -\frac{1}{2}$$

(3) $\tan(-\frac{10\pi}{3}) = -\tan\frac{10\pi}{3} = -\tan(3\pi + \frac{\pi}{3})$

$$= -\tan\frac{\pi}{3} = -\sqrt{3}$$

(4) $\sin 930° = \sin(5 \times 180° + 30°) = -\sin 30° = -\frac{1}{2}$

公式(5.4.1)、(5.4.2)、(5.4.3)、(5.4.4)的主要作用之一是把任意角的正弦、余弦、正切转化为锐角的正弦、余弦、正切，它们在研究三角函数的性质时发挥着重要的作用。可以把公式(5.4.1)、(5.4.2)、(5.4.3)、(5.4.4)都称为诱导公式。

例4 求下列各三角函数的值。

(1) $\sin\frac{23\pi}{3}$ (2) $\cos(-\frac{21\pi}{4})$

(3) $\tan(-\frac{35\pi}{3})$ (4) $\tan\frac{17\pi}{6}$

解 (1) $\sin\frac{23\pi}{3} = \sin(8\pi - \frac{\pi}{3}) = \sin(-\frac{\pi}{3})$

$$= -\sin\frac{\pi}{3} = -\frac{\sqrt{3}}{2}$$

(2) $\cos(-\frac{21\pi}{4}) = \cos\frac{21\pi}{4} = \cos(5\pi + \frac{\pi}{4}) = -\cos\frac{\pi}{4} = -\frac{\sqrt{2}}{2}$

(3) $\tan(-\frac{35\pi}{3}) = \tan(-12\pi + \frac{\pi}{3}) = \tan\frac{\pi}{3} = \sqrt{3}$

（4）$\tan \dfrac{17\pi}{6}=\tan(3\pi-\dfrac{\pi}{6})=\tan(-\dfrac{\pi}{6})=-\tan\dfrac{\pi}{6}=-\dfrac{\sqrt{3}}{3}$

例 5 化简：$\dfrac{\sin(\pi-\alpha)\tan(2\pi-\alpha)\cos(\pi+\alpha)}{\cos(3\pi-\alpha)\tan(\pi-\alpha)}$。

解 原式$=\dfrac{\sin\alpha\tan(-\alpha)(-\cos\alpha)}{-\cos(-\alpha)(-\tan\alpha)}$

$=\dfrac{\sin\alpha(-\tan\alpha)(-\cos\alpha)}{-\cos\alpha(-\tan\alpha)}=\sin\alpha$

注意：当遇到 $k\pi\pm\alpha$ 时，把 α 看成锐角，再根据诱导公式化简。

 课堂练习

1. 求下列各三角函数的值。

（1）$\sin\dfrac{13\pi}{6}$ 　　（2）$\cos\dfrac{19\pi}{3}$ 　　（3）$\tan\dfrac{33\pi}{4}$

（4）$\cos\dfrac{41\pi}{4}$ 　　　（5）$\sin\dfrac{37\pi}{3}$

2. 求下列各三角函数的值。

（1）$\sin(-\dfrac{\pi}{6})$ （2）$\cos(-\dfrac{\pi}{4})$ （3）$\tan(-\dfrac{7\pi}{3})$

（4）$\sin(-\dfrac{13\pi}{6})$（5）$\cos(-\dfrac{19\pi}{3})$（6）$\tan(-\dfrac{33\pi}{4})$

3. 求下列各三角函数的值。

(1) $\sin\dfrac{4\pi}{3}$　　(2) $\cos\dfrac{10\pi}{3}$　　(3) $\tan\dfrac{17\pi}{6}$

(4) $\cos\dfrac{19\pi}{4}$　　(5) $\sin(-\dfrac{11\pi}{4})$　(6) $\tan\dfrac{31\pi}{6}$

习题四

1. 计算。$\sin\dfrac{23\pi}{6}+\cos(-\dfrac{17\pi}{3})-\tan\dfrac{29\pi}{4}+\sin\dfrac{41\pi}{6}$

2. 化简：

(1) $\sin^2(\pi+\alpha)-\cos(2\pi-\alpha)\cdot\tan(\pi-\alpha)-\sin(\pi-\alpha)$

(2) $\dfrac{\cos(\pi-\alpha)\tan(2\pi-\alpha)\tan(\pi+\alpha)}{\sin(3\pi+\alpha)\cos(\pi+\alpha)}$

(3) $\dfrac{\sin(\pi+\alpha)\tan(-\alpha)\cos(\pi+\alpha)}{\cos(2\pi+\alpha)\tan(\pi+\alpha)}$

3. 证明。

(1) $\cos(-210°)\tan(-240°)+\sin(-30°)-\tan225°=0$

(2) $\dfrac{\tan(-\pi-\alpha)\sin(\pi-\alpha)}{\cos(2\pi-\alpha)\tan(3\pi-\alpha)}=\tan\alpha$

第五节 ▶▶ 二倍角的正弦、余弦和正切

利用任意角三角函数的定义和三角形知识，可以得到

一个角与它的二倍角的三角函数之间的关系为：

$$\sin2\alpha = 2\sin\alpha\cos\alpha \qquad (5.5.1)$$

$$\cos2\alpha = \cos^2\alpha - \sin^2\alpha \qquad (5.5.2)$$

$$\tan2\alpha = \frac{2\tan\alpha}{1-\tan^2\alpha} \qquad (5.5.3)$$

公式(5.5.1)、(5.5.2)对于任意角 α 都成立，公式(5.5.3)中 α，2α 的取值应使式子有意义。上面三个式子分别称为二倍角的三角函数公式。

利用 $\sin^2\alpha + \cos^2\alpha = 1$，公式(5.5.2)又可变形为

$$\cos2\alpha = 2\cos^2\alpha - 1$$

$$\cos2\alpha = 1 - 2\sin^2\alpha$$

公式(5.5.2)还可变形为

$$\cos^2\alpha = \frac{1+\cos2\alpha}{2} \text{ 和 } \sin^2\alpha = \frac{1-\cos2\alpha}{2}$$

二倍角的正弦、余弦和正切公式，表示了一个角的三角函数和它的二倍角的三角函数间的关系，其中"二倍"是相对的，如 α、4α、$\dfrac{\alpha}{2}$ 分别是 $\dfrac{\alpha}{2}$、2α、$\dfrac{\alpha}{4}$ 的二倍。因此，在使用二倍角公式时，应根据具体情况灵活应用。

例 1 已知 $\sin\alpha = \dfrac{5}{13}$，$\alpha \in (\dfrac{\pi}{2}, \pi)$，求 $\sin2\alpha$、$\cos2\alpha$、$\tan2\alpha$ 的值。

解 ∵$\sin\alpha = \dfrac{5}{13}$，$\alpha \in (\dfrac{\pi}{2}，\pi)$

∴$\cos\alpha = -\sqrt{1-\sin^2\alpha} = -\sqrt{1-(\dfrac{5}{13})^2} = -\dfrac{12}{13}$

∴$\sin2\alpha = 2\sin\alpha\cos\alpha = 2\times\dfrac{5}{13}\times(-\dfrac{12}{13}) = -\dfrac{120}{169}$

$\cos2\alpha = 1-2\sin^2\alpha = 1-2\times(\dfrac{5}{13})^2 = \dfrac{119}{169}$

$\tan2\alpha = \dfrac{\sin2\alpha}{\cos2\alpha} = -\dfrac{120}{169}\times\dfrac{169}{119} = -\dfrac{120}{119}$

注意：还可利用公式(5.5.3)求 $\tan2\alpha$ 的值。

例 2 化简下列各式。

(1) $\dfrac{\sin\dfrac{A}{2}\cos\dfrac{A}{2}}{\cos^2\dfrac{A}{2}-\sin^2\dfrac{A}{2}}$ 　　　(2) $(1+\cos2\theta)\tan\theta$

解 (1) 原式 $= \dfrac{2\sin\dfrac{A}{2}\cos\dfrac{A}{2}}{2(\cos^2\dfrac{A}{2}-\sin^2\dfrac{A}{2})} = \dfrac{\sin A}{2\cos A} = \dfrac{1}{2}\tan A$

(2) $(1+\cos2\theta)\tan\theta = 2\cos^2\theta\times\dfrac{\sin\theta}{\cos\theta} = 2\sin\theta\cos\theta = \sin2\theta$

例 3 证明：当 $\alpha\neq k\pi(k\in Z)$ 时，$\tan\dfrac{\alpha}{2} = \dfrac{1-\cos\alpha}{\sin\alpha}$。

证明 $\dfrac{1-\cos\alpha}{\sin\alpha} = \dfrac{2\sin^2\dfrac{\alpha}{2}}{2\sin\dfrac{\alpha}{2}\cos\dfrac{\alpha}{2}} = \dfrac{\sin\dfrac{\alpha}{2}}{\cos\dfrac{\alpha}{2}} = \tan\dfrac{\alpha}{2}$

 **课堂练习**

1. 求下列各式的精确值。

(1) $\cos^2\dfrac{\pi}{8} - \sin^2\dfrac{\pi}{8}$ (2) $2\cos^2\dfrac{\pi}{12} - 1$

(3) $\dfrac{2\tan 22.5°}{1 - \tan^2 22.5°}$

2. 已知 $\cos\alpha = -\dfrac{5}{13}$，$\alpha \in (\pi, \dfrac{3\pi}{2})$，求 $\sin 2\alpha$，$\cos 2\alpha$，

$\tan 2\alpha$ 的值。

3. 已知 $\tan x = -3$，求 $\tan 2x$。

4. 化简。

(1) $(\sin\alpha - \cos\alpha)^2$ (2) $\dfrac{1}{1 - \tan\alpha} - \dfrac{1}{1 + \tan\alpha}$

5. 证明下列恒等式。

(1) $2\sin(\pi + \alpha)\cos(\pi + \alpha) = \sin 2\alpha$

(2) $1 + 2\cos^2\theta - \cos 2\theta = 2$

习题五

1. 求下列各式的精确值。

(1) $2\sin\dfrac{3\pi}{8}\cos\dfrac{3\pi}{8}$ (2) $1 - 2\sin^2 75°$

(3) $\sin 15°\cos 15°$

2. 已知 $\sin\alpha = -\dfrac{5}{13}$，$\alpha \in (\pi, \dfrac{3\pi}{2})$，求 $\sin 2\alpha$，$\cos 2\alpha$，

$\tan 2\alpha$ 的值。

3. 化简。

(1) $\cos^4\alpha - \sin^4\alpha$ (2) $\dfrac{\sin\dfrac{\alpha}{2}\cos\dfrac{\alpha}{2}}{\cos\alpha}$

4. 证明。

(1) $\sin 3\alpha = 3\sin\alpha - 4\sin^3\alpha$

(2) 当 $\alpha \neq (2k+1)\pi$，($k \in Z$)时，$\tan\dfrac{\alpha}{2} = \dfrac{\sin\alpha}{1+\cos\alpha}$

第六节 ▶ 三角函数的图像和性质

一、 正弦函数的图像和性质

1. 正弦函数的图像

对于正弦函数 $y = \sin x$，无论 x 取任何值，式子总有意义，所以在弧度制下，正弦函数的定义域是 R。如何画正弦函数 $y = \sin x$，$x \in [0, 2\pi]$ 的图像呢？

根据函数图像的一般作图方法，过程如下。

列表：

x	0	$\dfrac{\pi}{6}$	$\dfrac{\pi}{3}$	$\dfrac{\pi}{2}$	$\dfrac{2\pi}{3}$	$\dfrac{5\pi}{6}$	π	$\dfrac{7\pi}{6}$	$\dfrac{4\pi}{3}$	$\dfrac{3\pi}{2}$	$\dfrac{5\pi}{3}$	$\dfrac{11\pi}{6}$	2π
$\sin x$	0	$\dfrac{1}{2}$	$\dfrac{\sqrt{3}}{2}$	1	$\dfrac{\sqrt{3}}{2}$	$\dfrac{1}{2}$	0	$-\dfrac{1}{2}$	$-\dfrac{\sqrt{3}}{2}$	-1	$-\dfrac{\sqrt{3}}{2}$	$-\dfrac{1}{2}$	0

　　描点：以表中对应的 x、y 的值为坐标，在直角坐标系中描点。

　　连线：将所描各点用光滑曲线顺次连接起来，即完成所画图像（见图 5-12）。

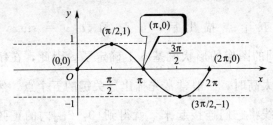

图 5-12

　　因为正弦函数 $y=\sin x$ 的定义域是 R，所以需要将 $y=\sin x$，$x\in[0,2\pi]$ 的图像向两边扩展。根据公式 $\sin(x+2\pi)=\sin x$，知正弦函数 $y=\sin x$ 在区间 $[-2\pi,0]$ 上的形状与在区间 $[0,2\pi]$ 上的形状完全一样。

　　一般地，把 $y=\sin x$，$x\in[0,2\pi]$ 的图像沿 x 轴向左、右分别平移 $\pm2\pi$，$\pm4\pi$，$\pm6\pi$，…，就可得到 $y=\sin x(x\in R)$ 的图像。如图 5-13 所示。

　　可以把正弦函数 $y=\sin x(x\in R)$ 的图像叫做正弦曲线。

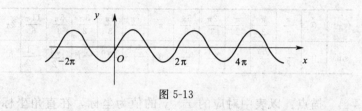

图 5-13

由 $y=\sin x$，$x\in[0,2\pi]$的图像可以看出，下面五点在确定图像形状时起着关键作用：

$$(0,0),(\frac{\pi}{2},1),(\pi,0),(\frac{3\pi}{2},-1),(2\pi,0)。$$

这五个点描出后，正弦函数 $y=\sin x$，$x\in[0,2\pi]$的图像的形状就基本上确定了。因此，在精确度要求不太高时，一般常常先描出这关键的五个点，然后用光滑曲线将它们连接起来，就得到$[0,2\pi]$内的正弦函数的简图，这种作图方法叫做"五点法"。

例 1 用五点法作函数 $y=1+\sin x$，$x\in[0,2\pi]$的简图。

解 列表：

x	0	$\frac{\pi}{2}$	π	$\frac{3\pi}{2}$	2π
$\sin x$	0	1	0	-1	0
$1+\sin x$	1	2	1	0	1

描点：以表中对应的 x、y 的值为坐标，在直角坐标系中描点。

连线：将所描各点用光滑曲线顺次连接起来，即完成所画图像（见图 5-14）。

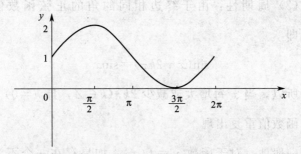

图 5-14

注意：实际上，函数 $y=1+\sin x$，$x\in[0, 2\pi]$的图像可以由函数 $y=\sin x$，$x\in[0, 2\pi]$的图像沿 y 轴向上平移 1 个单位得到。

2. 正弦函数的性质

根据正弦函数的图像，不难得到正弦函数有如下性质。

（1）定义域：正弦函数的定义域是 R。

（2）值域：根据正弦函数的图像可以得出

$$|\sin x|\leqslant 1$$

即

$$-1\leqslant\sin x\leqslant 1$$

所以正弦函数的值域是 $[-1, 1]$，且当 $x=\dfrac{\pi}{2}+2k\pi$

（$k\in Z$）时，函数取得最大值 1；当 $x=-\dfrac{\pi}{2}+2k\pi$（$k\in$

Z）时时，函数取得最小值 -1。

（3）周期性：由于终边相同的角的正弦函数值相等，即

$$\sin(x+2k\pi)=\sin x$$

所以，当 x 每增大或减少 $2k\pi(k\in Z$，且 $k\neq 0$）时，正弦函数值重复出现。

一般地，对于函数 $y=f(x)$，如果存在一个不为零的常数 T，使得当 x 取定义域内的每一个值时，有

$$f(x+T)=f(x)$$

则把函数 $y=f(x)$ 叫做周期函数，这个不为零的常数 T 叫做这个函数的周期。

对于一个周期函数来说，如果在所有的周期中存在着一个最小的正数，就把这个最小的正数叫做最小正周期。

显然，正弦函数 $y=\sin x(x\in R)$ 是周期函数，$2k\pi(k\in Z,k\neq 0)$ 都是它的周期，其中 2π 是它的最小正周期。可以说到三角函数的周期一般指的都是最小正周期。

（4）奇偶性：由公式 $\sin(-x)=-\sin x$ 可知，正弦函数 $y=\sin x$ $(x\in R)$ 是奇函数。反映在图像上，正弦曲线关于坐标原点对称。

（5）单调性：由正弦曲线可以看出，当 x 由增加到 $\dfrac{\pi}{2}$ 时，$\sin x$ 由 -1 增加到 1；当 x 由 $\dfrac{\pi}{2}$ 增加到 $\dfrac{3\pi}{2}$ 时，$\sin x$ 由 1

减小到-1。根据正弦函数的周期性可知，正弦函数在每一

个闭区间 $\left[-\dfrac{\pi}{2}+2k\pi,\ \dfrac{\pi}{2}+2k\pi\right]$ $(k\in Z)$ 上都是增函数；

在每一个闭区间 $[\dfrac{\pi}{2}+2k\pi,\ \dfrac{3\pi}{2}+2k\pi]$ $(k\in Z)$ 上都是减函数。

由 $y=A\sin(\omega x+\varphi)$ 的分析可以推知，

$$y=A\sin(\omega x+\varphi) \qquad (A>0,\omega>0)$$

的值域为 $[-A,A]$，最大值是 A，最小值是 $-A$，最小

正周期为 $T=\dfrac{2\pi}{\omega}$。

例 2　求函数 $y=2+\sin 2x$ $(x\in R)$ 的最大值、最小值

和最小正周期，并求使函数取得最大值、最小值的自变量 x

的值。

解　函数 $y=2+\sin 2x$ $(x\in R)$ 的最大值为 3、最小值

为 1，最小正周期是 $T=\dfrac{2\pi}{2}=\pi$。

当 $2x=\dfrac{\pi}{2}+2k\pi$ $(k\in Z)$ 时，即 $x=\dfrac{\pi}{4}+k\pi$ 时，函

数 $y=\sin 2x$ 取得最大值 1，此时函数 $y=2+\sin 2x$ $(x\in$

$R)$ 取得最大值 3；当 $2x\in R$ 时，即 $x=-\dfrac{\pi}{4}+k\pi$ 时，函

数 $y=\sin 2x$ 取得最小值 -1，此时函数 $y=2+\sin 2x$ $(x$

$\in R)$ 取得最小值 1。

例 3　不求值，比较下列各对正弦值的大小。

(1) $\sin(-\dfrac{\pi}{10})$ 与 $\sin(-\dfrac{\pi}{18})$ (2) $\sin\dfrac{2\pi}{3}$ 与 $\sin\dfrac{3\pi}{4}$

解 (1) ∵ $-\dfrac{\pi}{2} < -\dfrac{\pi}{10} < -\dfrac{\pi}{18} < 0$，且正弦函数在

区间 $\left[-\dfrac{\pi}{2}, 0\right]$ 上是增函数，

∴ $\sin(-\dfrac{\pi}{10}) < \sin(-\dfrac{\pi}{18})$

(2) ∵ $\dfrac{\pi}{2} < \dfrac{2\pi}{3} < \dfrac{3\pi}{4} < \pi$，且正弦函数在区间 $\left[\dfrac{\pi}{2}, \pi\right]$

上是增函数，

∴ $\sin\dfrac{2\pi}{3} < \sin\dfrac{3}{4}\pi$

 课堂练习

1. 用五点法画出 $y = -\sin x$，$y = 2 + \sin x$，$x \in [0, 2\pi]$ 的简图。

2. 求下列函数的最大值、最小值和最小正周期。

(1) $y = 3 + \sin x$　　　　(2) $y = -2 + \sin x$

(3) $y = 2 - \sin x$　　　　　(4) $y = -8 - 3\sin x$

3. 求使函数 $y = 5 - 3\sin x$ 分别取得最大值、最小值的自变量 x 的值。

4. 不求值，比较下列各对正弦值的大小。

（1）$\sin(-\dfrac{\pi}{4})$ 与 $\sin(-\dfrac{\pi}{5})$　（2）$\sin\dfrac{6\pi}{5}$ 与 $\sin\dfrac{6\pi}{7}$

（3）$\sin250°$ 与 $\sin260°$　（4）$\sin\dfrac{35\pi}{8}$ 与 $\sin\dfrac{37\pi}{8}$

二、余弦函数的图像和性质

1. 余弦函数的图像

对于余弦函数 $y=\cos x$，无论 x 取任何值，式子总有意义，所以在弧度制下，余弦函数的定义域是 R。根据函数图像的一般作图方法。

列表：

x	0	$\dfrac{\pi}{6}$	$\dfrac{\pi}{3}$	$\dfrac{\pi}{2}$	$\dfrac{2\pi}{3}$	$\dfrac{5\pi}{6}$	π	$\dfrac{7\pi}{6}$	$\dfrac{4\pi}{3}$	$\dfrac{3}{2}\pi$	$\dfrac{5\pi}{3}$	$\dfrac{11\pi}{6}$	2π
$\cos x$	1	$\dfrac{\sqrt{3}}{2}$	$\dfrac{1}{2}$	0	$\dfrac{1}{2}$	$\dfrac{\sqrt{3}}{2}$	-1	$\dfrac{\sqrt{3}}{2}$	$-\dfrac{1}{2}$	0	$\dfrac{1}{2}$	$\dfrac{\sqrt{3}}{2}$	1

描点：以表中对应的 x、y 的值为坐标，在直角坐标系中描点。

连线：将所描各点用光滑曲线顺次连接起来，即完成所画图像，如图 5-15 所示。

一般地，把 $y=\cos x$，$x\in[0，2\pi]$ 的图像沿 x 轴向左、右分别平移 $\pm2\pi$，$\pm4\pi$，$\pm6\pi$，…，就可得到 $y=\cos x$（$x\in R$）的图像。如图 5-16 所示。

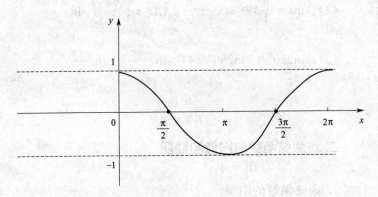

图 5-15

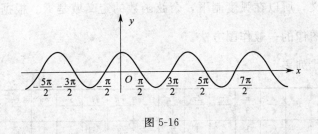

图 5-16

余弦函数 $y = \cos x \, (x \in R)$ 的图像叫做余弦曲线。

2. 余弦函数的性质

根据余弦函数的图像，不难得到余弦函数有如下性质。

(1) 定义域：余弦函数的定义域为实数集 R。

(2) 值域：余弦函数的值域 为 $[-1, 1]$；且当 $x = 2k\pi, (k \in Z)$ 时，函数取得最大值 1；$x = (2k+1)\pi, (k \in Z)$ 时，函数取得最小值 -1。

（3）周期性：最小正周期为 2π。

（4）奇偶性：由公式 $\cos(-x)=\cos x$ 可知，余弦函数 $y=\cos x$（$x\in R$）是偶函数。反映在图像上，余弦曲线关于 y 轴对称。

（5）单调性：函数 $y=\cos x$ 在每一个闭区间 $[(2k-1)\pi,\ 2k\pi](k\in Z)$ 上，从 -1 增加到 1，是增函数；在每一个闭区间 $[2k\pi,\ (2k+1)\pi](k\in Z)$ 上，从 1 减小到 -1，是减函数。

由 $A\cos(\omega x+\varphi)=A\sin[(\omega x+\varphi)+\dfrac{\pi}{2}]$ 可以推知，

$$y=A\cos(\omega x+\varphi)(A>0,\omega>0)$$

的值域为 $[-A,A]$，最大值是 A，最小值是 $-A$，最小正周期为 $T=\dfrac{2\pi}{\omega}$。

例 4 求下列函数的最大值、最小值和最小正周期。

（1）$y=5\cos x$ 　　　（2）$y=8\cos(2x+\dfrac{\pi}{3})$

解 （1）$y=5\cos x$ 的最大值和最小值分别为 5、-5，最小正周期为 2π；

（2）$y=8\cos(2x+\dfrac{\pi}{3})$ 的最大值和最小值分别为 8、-8，最小正周期为 $\dfrac{2\pi}{2}=\pi$。

例 5 不求值，比较下列各对正弦值的大小。

(1) $\cos \dfrac{3\pi}{5}$ 与 $\cos \dfrac{4\pi}{5}$

(2) $\cos \left(-\dfrac{22\pi}{7}\right)$ 与 $\cos \left(-\dfrac{35\pi}{7}\right)$

解　(1) $\because \dfrac{\pi}{2} < \dfrac{3\pi}{5} < \dfrac{4\pi}{5} < \pi$，且余弦函数在区间

$\left[\dfrac{\pi}{2}, \pi\right]$ 上是减函数，

$\therefore \cos \dfrac{3\pi}{5} > \cos \dfrac{4\pi}{5}$

(2) $\because \cos \left(-\dfrac{22\pi}{7}\right) = \cos \dfrac{22\pi}{7} = \cos \dfrac{8\pi}{7}$

$\cos \left(-\dfrac{35\pi}{7}\right) = \cos \dfrac{35\pi}{7} = \cos 5\pi = \cos \pi$

又 $\because \pi < \dfrac{8\pi}{7} < \dfrac{3\pi}{2}$，且余弦函数在区间 $\left[\pi, \dfrac{3\pi}{2}\right]$ 上是

增函数，

$\therefore \cos \dfrac{8\pi}{7} > \cos \pi$

即 $\cos \left(-\dfrac{22\pi}{7}\right) > \cos \left(-\dfrac{35\pi}{7}\right)$

课堂练习

1. 求下列函数的最大值、最小值和最小正周期。

(1) $y = 3\cos x$ (2) $y = -5\cos 6x$

(3) $y = -2 + \cos(3x + \dfrac{\pi}{6})$ (4) $y = 5 - 2\cos(x - \dfrac{\pi}{3})$

2. 求使函数 $y = 3\cos(2x + \dfrac{2\pi}{3})$ 取得最大值、最小值的自变量 x 的值。

3. 不求值，比较下列各对余弦值的大小。

(1) $\cos(-\dfrac{\pi}{4})$ 与 $\cos(-\dfrac{\pi}{5})$ (2) $\cos\dfrac{8\pi}{5}$ 与 $\cos\dfrac{8\pi}{7}$

(3) $\cos\dfrac{21\pi}{8}$ 与 $\cos\dfrac{22\pi}{9}$ (4) $\cos\dfrac{8\pi}{7}$ 与 $\cos\dfrac{9\pi}{7}$

三、正切函数的图像和性质

1. 正切函数的图像

由公式 $\tan(x + \pi) = \tan x$，（$x \in R$ 且 $x \neq \dfrac{\pi}{2} + k\pi$，$k \in Z$）可知，正切函数是周期函数，并且 π 是它的最小周期，在 $(-\dfrac{\pi}{2}, \dfrac{\pi}{2})$ 上用描点法画正切函数的图像（见图 5-17）。

并把图像向左、向右连续平移，便得出 $y = \tan x$，（$x \in R$ 且 $x \neq \dfrac{\pi}{2} + k\pi$，$k \in Z$）的图像，见图 5-18。

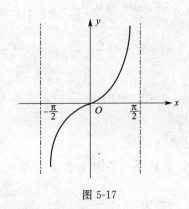

图 5-17

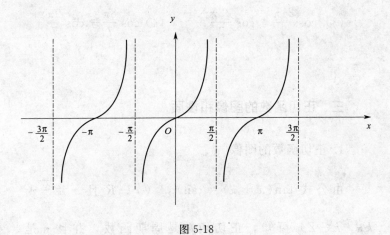

图 5-18

正切函数 $y = \tan x$，$(x \neq \dfrac{\pi}{2} + k\pi, \ k \in Z)$ 的图像叫

做正切曲线。

2. 正切函数的性质

由正切函数的图像，不难得出正切函数有如下性质。

(1) 定义域：$\left\{x\in R \left| x\neq\dfrac{\pi}{2}+k\pi,\ k\in Z\right.\right\}$。

(2) 值域：在 $\left(-\dfrac{\pi}{2},\ \dfrac{\pi}{2}\right)$ 内，正切函数的图像可以向上下无限延伸，所以正切函数的值域为实数集 R。

(3) 周期性：正切函数的最小正周期为 $T=\pi$。

(4) 奇偶性：由公式 $\tan(-x)=-\tan x$ 可知，正切函数 $y=\tan x$ $\left(x\neq\dfrac{\pi}{2}+k\pi,\ k\in Z\right)$ 是奇函数；反映在图像上，正切曲线关于原点对称。

(5) 单调性：正切函数在每一个开区间 $\left(-\dfrac{\pi}{2}+k\pi,\right.$ $\left.\dfrac{\pi}{2}+k\pi\right)$ $(k\in Z)$ 内都是增函数。

思考 正切函数 $y=\tan x$ 在整个定义域内是增函数吗？

显然，函数 $y=A\tan(\omega x+\phi)$ 的最小正周期 $T=\dfrac{\pi}{\omega}$。

例 6 求函数 $y=\tan 3x$ 的定义域。

解 根据正切函数的定义，有

$$3x\neq\dfrac{\pi}{2}+k\pi(k\in Z)$$

解得

$$x \neq \frac{\pi}{6} + \frac{k\pi}{3} (k \in Z)$$

因此，$y = \tan 3x$ 的定义域是 $\{x \in R \mid x \neq \frac{\pi}{6} + \frac{k\pi}{3}, k \in Z\}$。

例 7 求下列函数的最小正周期。

(1) $y = \tan(x - \frac{\pi}{4})$ (2) $y = \tan(2x + \frac{\pi}{6})$

解 (1) $y = \tan(x - \frac{\pi}{4})$ 最小正周期为 $T = \pi$；

(2) $y = \tan(2x + \frac{\pi}{6})$ 最小正周期为 $T = \frac{\pi}{2}$。

例 8 比较下列各组正切值的大小。

(1) $\tan(-\frac{\pi}{8})$ 与 $\tan(-\frac{\pi}{10})$ (2) $\tan \frac{8\pi}{7}$ 与 $\tan \frac{9\pi}{7}$。

解 (1) 因为 $-\frac{\pi}{2} < -\frac{\pi}{8} < -\frac{\pi}{10} < 0$，并且正切函数在

$(-\frac{\pi}{2}, 0]$ 上是增函数，

所以

$$\tan(-\frac{\pi}{8}) < \tan(-\frac{\pi}{10})$$

(2) 因为 $\pi < \frac{8\pi}{7} < \frac{9\pi}{7} < \frac{3\pi}{2}$，并且正切函数在 $[\pi, \frac{3\pi}{2})$

上是增函数，

所以

$$\tan\frac{8\pi}{7}<\tan\frac{9\pi}{7}$$

 课堂练习

1. 求下列函数的定义域。

(1) $y=\tan 2x$ (2) $y=3\tan\frac{x}{2}$ (3) $y=\tan(x+\frac{\pi}{3})$

2. 求下列函数的最小正周期。

(1) $y=\tan 3x$ (2) $y=5\tan\frac{x}{3}$ (3) $y=\tan(x+\frac{\pi}{3})$

3. 比较下列各组值的大小。

(1) $\tan(-\frac{\pi}{8})$ 与 $\tan(-\frac{\pi}{10})$ (2) $\tan\frac{8\pi}{7}$ 与 $\tan\frac{9\pi}{7}$

(3) $\tan\frac{3\pi}{5}$ 与 $\tan\frac{4\pi}{5}$ (4) $\tan(-\frac{3\pi}{5})$ 与 $\tan(-\frac{4\pi}{5})$

习题六

1. 用 ">"、"<" 填空。

(1) $\cos(-\frac{23\pi}{5})$ _____ $\cos(-\frac{17\pi}{4})$

(2) $\cos 1230°-\cos 1220°$ _____ 0

（3） $\sin(-\dfrac{23\pi}{5})$ _____ $\sin(-\dfrac{37\pi}{7})$

（4） $\sin 3$ _____ $\sin 4$

（5） $\tan(-\dfrac{11\pi}{5})$ _____ $\tan\dfrac{4\pi}{5}$

2. 观察正弦函数的图像，写出满足下列条件的 x 所在区间。

（1） $\sin x > 0$ （2） $\sin x < 0$

（3） $\sin x > \dfrac{1}{2}$ （4） $\sin x < -\dfrac{1}{2}$

3. 讨论函数 $y = \sin(2x + \dfrac{\pi}{4})$ 的单调性。

4. 求函数 $y = 2\sin^2 x - \cos^2 x$ 的最大值、最小值和最小正周期。

5. 若 $\cos = \dfrac{4m-6}{3}$ 有意义，求 m 的取值范围。

6. 求 $y = -1 + \tan(3x + \dfrac{\pi}{4})$ 的定义域。

▸▸ 综合练习 ◂◂

1. 判断题

（1） 第一象限角都是锐角。

（2） 角的正弦值的符号与角的终边上一点的横坐标符号相同。

（3） 公式 $\tan\alpha = \dfrac{\sin\alpha}{\cos\alpha}$ 中角 α 是任意角。

（4）－690°与 30°终边相同。

（5）$\cos(-\alpha-\pi)=-\cos\alpha$。

（6）$\sin(-\alpha+\pi)=-\sin\alpha$。

（7）$\sin^2\dfrac{\alpha}{2}+\cos^2\dfrac{\alpha}{2}=\dfrac{1}{2}$。

（8）$y=1+\sin x$ 是奇函数。

（9）函数 $y=\sin(2x+\dfrac{\pi}{4})$ 的最小正周期是 π。

2. 填空题

（1）与 $\dfrac{3\pi}{4}$ 终边相同的角的集合是_____。

（2）如果角 α 的终边过点 $P(-5,4)$，则角 α 是第_____象限角，且 $\sin\alpha=$_____，$\cos\alpha=$_____。

（3）已知 $\sin\alpha=-\dfrac{3}{5}$，且 α 是第三象限角，则 $\cos\alpha=$_____，$\tan\alpha=$_____。

（4）函数 $y=\sin 3x\cos 3x$ 的最小正周期是_____。

（5）函数 $y=2\tan(x+\dfrac{\pi}{6})$ 的定义域是_____。

（6）$y=2\tan x$ 的最小正周期是_____。

3. 求下列各角的正弦、余弦、正切值。

$\dfrac{7\pi}{3}$，$\dfrac{9\pi}{4}$，$-\dfrac{11\pi}{6}$。

4. 已知角 α 终边上一点 $P(-a,a)$，求 $\sin\alpha$、$\cos\alpha$、

$\tan\alpha$ 的值。

5. 已知 $\cos\alpha = -\dfrac{3}{5}$，且 α 是第三象限角，求 $\sin\alpha$，$\tan\alpha$ 的值。

6. 已知 $\tan\alpha = -\dfrac{3}{5}$，且 α 是第二象限角，求 $\cos\alpha$、$\sin\alpha$ 的值。

7. 已知 $\cos\alpha = -\dfrac{3}{5}$，$\alpha \in (\dfrac{\pi}{2}, \pi)$，求 $\sin2\alpha$，$\cos2\alpha$，$\tan2\alpha$ 的值。

8. 若 $\sin\theta = \dfrac{m-3}{m+5}$，$\cos\theta = \dfrac{4-2m}{m+5}$，求 m 的值。

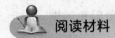

阅读材料

三角学的发展和法国数学家韦达

三角学是由于航海、历法推算和天文观测的需要在希腊发展起来的。1464 年德国数学家雷格蒙塔奴斯（JReg-comontanus）吸收希腊数学家海伦、阿基米德等的成果，撰写了《论各种三角形》一书。全书分五卷，前两卷讨论平面三角，后三卷研究球面三角，后又撰写了《方位表》，制定了五位三角函数表，除正、余弦表外，还有正切表。哥白尼的学生雷提库斯（G. J. Rhaeticus）改进角的三角函数关系，采用了正弦、余弦、正切、余切、正割、余割 6 个函数。后来，法国数学家弗朗索瓦·韦达（Fransois Vieta）对球面三角和平面三角作了系统化工作，他在《标准数》和《斜截面》两书中汇集了解平面直角三角形和斜三角形的公式，也包括他得到的正切公式，他将这些公式都表示成代数形式。

韦达给出了多项式方程根与系数的关系，这使他的名字为现代学生所熟知。但在那个时代，韦达是以他在密码破译方面所作的卓越工作而为人称道的。

16 世纪的欧洲，法国和西班牙两强对峙，两国都设法截获对方的信息。那时西班牙用密码发送信息，几乎无法破译，因为揭开密码的密钥有 100 个字母之长。但不论密码多么复杂，韦达都能一一破译。韦达的成功使西班牙国王菲利浦二世向罗马教皇抱怨，认为法国人使用了魔术和巫术，违背了对基督的信仰。

1594 年韦达和安德烈·范·若曼（Adriaen Van Rooman）分别代表法国和荷兰最优秀的数学家进行了一次比赛。若曼把问题和问题的一个解交给韦达，将另两个解密封好，要韦达求出这两个解来。开始几天，韦达束手无策，但后来他发现了题目中蕴含的数学关系，不仅求出了两个解，还给出其他 22 个解，为法国赢得了胜利。

韦达曾在他的一本书中说过，他的人生目标是，不留下任何未被解答的问题。

参 考 文 献

[1] 李广全，李尚志．数学．北京：高等教育出版社，2009.

[2] 姬小龙．应用数学基础．开封：河南大学出版社，2013.

[3] 张晓军．数学．北京：中国农业出版社，2013.

[4] 冯宁．数学．苏州：苏州大学出版社，2014.

[5] 刘学才．应用数学基础．北京：化学工业出版社，2015.

[6] 张明昕．应用数学．北京：化学工业出版社，2010.